公害・環境問題史を学ぶ人のために

小田康徳［編］

世界思想社

公害・環境問題史を学ぶ人のために　目次

2　戦　後

公害・環境問題史を学ぶ人のために

序にかえて――二〇世紀と日本の公害問題

この文章は二〇〇〇年一一月一一日、第四〇回医学史研究会・日本医学史関西支部二〇〇〇年秋季合同総会で編者が行なった講演記録である。公害問題史を考える基本視点を分かりやすく話していると思われるので、ここにそのまま掲載する。

はじめに

本日はお招きいただき、まことにありがとうございます。特に、二〇世紀を終えようとする今、時宜を得た企画の中に私のような者を入れていただき、光栄に思います。とても、ご期待に添えるようなよい報告ができる能力があるとは思いませんが、日本の公害問題の歴史を早くから研究してきた者として、いくつかの論点を提示し御参考にしていただけたらと考えています。簡単なレジュメを準備して参りましたので、それにしたがって話を進めていきます。お手許のレジュメをご覧ください（レジュメは省略）。

1　二〇世紀の始まりと日本の公害問題

二〇世紀が始まりますのはもちろん西暦一九〇一年のことですが、この年は日本の年号で明治三四年となっております。ちょうど百年前のことですが、この年一二月、議員を辞していた田中正造が、議会の開会式に臨もうとする明治天皇の馬車に古河鉱業の足尾銅山鉱毒問題の解決を直訴しようとしています。足尾銅山鉱毒問題は、一八八四年ごろから鉱山周辺の山々をその製錬所からでる煙害によって不毛の荒地に変え、一八九〇年渡良瀬川の洪水によってその流域の広大な農地に被害を及ぼし、栃木県会・群馬県会あるいは帝国議会でも問題とされたものです。

一八九六年には二度にわたって渡良瀬川の洪水となり、下流の村々では「鉱業停止」の声が高まり、東京からも新聞記者などがたくさん視察に訪れ、一挙に問題の存在が全国に知れわたります。農民たちは一八九七年二度にわたって大挙上京し、時の農商務大臣榎本武揚の現地視察を引き出します。政府は、こうした中で足尾銅山鉱毒調査会（第一次調査会）を設置して、古河鉱業に対し鉱毒予防工事命令を出します。国が鉱毒の被害を認め、その解決を命じた最初の決定でした。ところが、国は、この後鉱毒は出ていないものとし、相次ぐ被害を訴える農民たちの声を聞かなかったのです。そればかりか、彼らを兇徒聚集罪などで検挙し、その罪を問います（一九〇〇年二月）。田中正造が天皇に直訴したのはそうした国の姿勢を批判するものでもあったのです。

一九〇一年というのは、重大な公害問題に国が登場し、企業の産業活動そのものを支えるため、そこに一定の規制・命令をかけて操業を正当化し、結果として被害を覆い隠そうとする行動の始まりの年でもあったわけです。鉱毒を隠蔽するため渡良瀬川が利根川と合流する地点に存在した谷中村を廃村にし、その跡に巨大な遊水地を作るのは、その方針が一九〇三年、土地収用法によって強制的にそれを実施するのが一九〇七年のことでした。

遅れて資本主義強国への路を歩み始めた日本においては、経済活動に対し国家がつねに深く関与し、保護してきました。公害問題とは産業や経済活動を保護しようとする、こうした国家のあり方と深く関係して形成されてきたことをみておかねばなりません。つまり、公害問題とは、単に工場などの生産活動によって周辺の環境を汚染し、被害を及ぼしているというだけの状況ではなく、そうした被害を広範に生み出した背景に産業や経済の発展を優先させる国家の意思があって、そのあり方はおかしいではないかという批判も生じるようになってはじめて社会問題として成立したということです。

なんらかの環境破壊が特定の産業活動なり、消費行動なりと深く結びついて普遍的に広く発生し、しかも、その背後にある国家の姿勢が真剣に問われるようになると、それは公害問題が社会化したと言ってよいでしょう。

そうした公害問題の社会化は、まさしく二〇世紀の始まりのころに見られ始め、最初は鉱業にかかわる鉱煙毒問題の分野から、やがて工場地帯のばい煙や廃液・振動など各種の汚染問題に広がり、さらに石炭産業にかかわる地盤沈下などのいわゆる石炭鉱害、山岳地帯に次々と構築されていく発電用ダムが生み出す種々の被害問題、そしてついには東京や大阪などといった大都市形成に伴う自動車公害や建築公害などの出現となっていくのです。

レジュメには、戦前の帝国議会衆議院で問題とされた公害関係の議事を一覧表にしたものを参考のため載せておきました。もちろん、議会で問題とされるまでに至らなかった問題は、ほかにたくさんあります。

日本における、こうした公害問題の広がりは、まことに速いスピードで進展したものです。工場公害の社会化は一九二〇年代から、石炭産業に伴う石炭鉱害の社会化は一九三〇年代から、ダム問題の社会化は一九二〇年代から、そして大都市形成に伴う公害問題の広がりはこれまた一九三〇年代から見られ始めています。

つまり、二〇世紀の始まりの時期は、日本ではまさしく公害問題がさまざまな分野に広がりつつ社会化し始めていたということが大事だと思います。しかも、注意しておかねばならないことは、こうした問題の広がりの中で、初めに生み出された問題の解決がなかなか進まない中で、後からの問題と重なり合い、複合化していっそうその被害をひどいものとし、その解決を困難にしていっていたということです。

公害問題というと、一九六〇年代になってはじめて出現したように思われる方も多いと思いますが、それは、戦後の高度経済成長期の後期、産業優先で公害を容認するために関係者が語っていた、まやかしであります。つまり、戦前にはこんな経験がなく、まさかこんなひどいことになるとは想像することもできなかったという言い訳であります。実際は、企業も国も戦前から事態の本質的な状況は十分に知っていたのです。あるいは、知る材料を持っていたと言ってよいでしょう。あるいはそれを振り返ることを忘れるほど戦後は産業活動の向上という観念に取り付かれていたのかもしれません。

なお、公害という言葉ですが、この言葉自体は「公益を害する」という意味をつづめて言ったもので、明治の初期すなわち一九世紀の後期から、特に環境破壊に限らず広く公衆に迷惑を与える行為一般に使われていたものが、昭和初年つまり一九二〇年代なかばには、公害問題の広がりとともに、たとえば「工場公害問題」といったように、現在と同じような意味で、主として産業活動に伴う環境汚染問題に限定して内務省社会局あたりが使い始めています。このこともまた公害問題の社会化を知っていくうえで興味深いところだと思います。公害問題はまさしく二〇世紀とともに社会化し、現在に継続して、いまや地球的な環境破壊の問題と重なり合うまでになってきたこと、そうした長い歴史を持つ問題だということをまず見ておくべきでしょう。

2　公害問題と歴史学

公害問題や環境問題は、私たち人間社会のあり方を深く考え直し、あるべき進歩の内容を探る重要な論点となっています。それは、現在初めて問題として論じられているのではなく、過去百年以上の長い歴史を持っています。多くの人々がさまざまな被害に苦しめられてきた状況を改善するために昔からいろいろなことを論じ、また行動してきました。それは、今日の社会のありようにいろいろな面で影響を及ぼしています。

公害や環境問題を解決し、よりよい社会を創っていこうとするうえで大事なポイントは、今日の社会がどれほど公害や環境問題を解決する条件を獲得しているか、正しく確認するところにあると思います。その条件を正しく見極め、それに応じた問題の設定を行なっていくことが大事です。また、問題に接近するうえでの基本的な視点の置き所をきちんと確認していくことも大事です。公害問題を歴史的に振り返ることは、こうした認識を確立していくうえで大きな役割を果たすものとなると考えているところです。

もちろん、公害に苦しめられ、あるいはそれを解決させるためにいろいろな行動を起こした人々が、その当時の社会の中でどんな役割を果たしたのかは、歴史上の重要な認識課題です。近代社会は国民の時代だと言われますが、公害や環境問題の解決を求めて立ちあがった人々の存在、その人々の苦闘は近代社会のありようをくっきりと示すものとなっているのではないでしょうか。また、そうした問題をとりわけ激しく生み出したというところに日本近代の姿が見えているのではないかと思っています。公害問題の歴史は、人間と社会のありようの変遷を知るという歴史学自体の研究課題でもあるのです。

では、公害問題を歴史的に振り返るというとき、どんな点に注目しておくべきなのでしょうか。環境を汚染する事件や状況は過去百年以上の間に無数にありました。足尾鉱毒事件やその他一部の事件が有名ですが、それだけにとどまるものではないのです。問題の第一は、そうした事件や状況がどんな経済・政治・社会あるいは文化等々の歴史的条件の下で生じているかを知るところにあります。

実は、国が企業などの産業活動を市民の生活条件改善よりも重視し、優先するようになるのは、そこに一定の歴史的な条件の成熟が必要であったのです。なんとなく考えられている誤解に、近代の始まりの時期ほど国は企業家を保護し、被害者住民の立場を無視したというのがあると思います。それは、国会も開かれず、国民の権利がほとんど考慮されていなかったという、当時の国家の体制についての知識とあいまって、一九六〇年代には被害者の立場が国から無視され、ひたすら企業寄りであったという状況の中で、近代の初期のころにおいてはおそらく公害を訴える国民の声などはもっと無慈悲に国から無視され、国は外国との競争で勝ちぬくため当然企業家寄りの姿勢を露骨に採っていたのだろうという思い込みと深く関係しています。ところが、史実を調べていきますと実際はそうではないのです。

たとえば、大阪という都市における工場公害に対する明治前期の警察の対応を見ていきますと、造幣局や砲兵工廠など特定の施設を除くと基本的にそれらは取締の対象とされていて、実際よく取り締まられているのです。その内容は、施設の市外への移転、操業停止あるいは設置自体の不認可といった厳しい措置が大半を占めています。明治一〇年代には裁判になった事例もいくつかあるのですが、そのほとんどは規制を受けた企業側が行政側を訴えたものなのです。もちろん、工場付近の住民が被害を訴えて行政当局に取締を要求していることも新聞などにときどき報道されています。そうしたとき、行政当局は住民の要求の方をよく聞いているのです。このことは農村部でも基本的には同じであります。鉱山の試掘や開掘をめぐって鉱山監督署からそれらに伴う地域の「公害」に関しその有無を問い合わせてくるのですが、住民側が「公害アリ」と答申しますとほとんどの場合試掘も開掘も許可されないという状況が展開します。

これは、考えてみますと、その当時住民の方がその地域あるいは町内で力を持っていたという事実に根差していると言わざるをえません。つまり、鉱山経営者や工場経営者は伝統的な農村や町の中では、まだ特に強い、あるいは強大な存在ではなかったという事実を押さえておく必要があると思うのです。こういう条件の場合、国家の側は、鉱山事業者や工場経営者の方を規制することによって農村地域や都市地域の安寧をはかろうとしたのではないかと考えた方がいいのではないかと思います。

国が鉱山事業者や工場経営者の活動の方を優先させるのは、その事業が日本の将来にとって特に重要な存在であると認められたときであります。当初は、そうした企業は全国的にも限定されていました。国の直接経営する諸事業、特権的な資本家の経営する諸事業、たとえば足尾銅山や別子銅山などもそうした特別な事業体であったと言ってよいでしょう。そうした事業体は特別な扱いを受けて、それが大きな公害を引き起こすことがあったときには、国は批判者の攻撃からその事業を守るためにさまざまな除害工事の実施や損害賠償金の支払いなどを事業主に命じるとともに、その命令を口実に住民の訴えを押しつぶしていきます。こうした事業体が広がり、やがてそれが一つの産業としての厚味を持ってきたとき、初めて国は全体としての産業優先論、公害隠しあるいは容認論への傾斜を強めていくのです。時代の進展とともに、そうした産業もまたいろいろな分野に広がっていきます。

二〇世紀前半日本の歴史は、国のこうした姿勢転換の広がりによって特徴づけられていると言ってよいだろうと思います。ある公害や環境破壊がどんな歴史的条件の下で起きているかを正しく知るということは、個別に生じたその問題の深みを認識していくことであり、それに伴うもろもろの問題を評価していく基礎となるものです。

ところで、国の立場は実は矛盾しています。一般に近代国家は、国民国家とも呼ばれ、国民に基礎を置こうとするもので、言わば全体の立場、公共の立場に立とうとするものですが、全体とは何であるか、公共とは何であるかをめぐってつねに深刻な意見対立のうちに置かれているものです。産業、中でも重要産業こそが国の発展を支えるものだという単純な発想が支配している状況の下では、被害者の立場を無視していくことも不可能ではありませんが、実際はそう簡単なことではないのです。公害の激化はその拠って立つ社会そのものの基礎を掘り崩している事実を無視することはできません。被害者もまた国民であり、その生活や産業基盤を守ることは公共の立場を守ることでもあり、国家の責務でもあるのです。被害者はここを攻めてきます。国は、こうした中で一定の公害対策、企業等への規制を加えていかざるをえないのです。公害問題の状況は公共性（あるいは公益性）をめぐる国の状況のあり方に深く規定されているのです。問題の発生、対応において国の姿勢はその都度変化しているのであって、そのあり方の中に公害問題の歴史もまた見えてくるのではないかと考えています。

公害や環境問題の激化を批判する側の論理と行動にも注意することが重要です。産業優先を掲げる国や企業側の論理はほとんどが公共性すなわち公益優先の論理です。つまり、この産業は全体の発展にとってなくてはならないのであって、地域的、部分的な公益性よりももっと重要な公益性があるから、それを重視せよという論理です。鉄道や道路・港湾施設あるいは飛行場、さらにはダムなどの場合にはもっと強くこの論理が押し出されてきます。戦前では軍隊あるいはそれに関係する砲兵工廠や海軍工廠などの場合もここに入れておいてよいでしょう。こうした攻撃に対して、被害を受ける人々はどう対応したのか。その論理構築の歴史と行動力の源泉を確認していかなければなりません。

この点、被害を受ける人々は、当初のうち多くは地域の基本的利害をその主張の根底に持ってきます。加害者が社会的に弱い立場である場合はそれで基本的に解決します。ところが相手が強力で大規模になってきますと、公益性の大小に関する比較論に対して苦戦するようになってきます。地域の小なる公益が大事か日本にとっての大なる公益が大事か、といった論理の対決が二〇世紀に入る前後のころから日本の各地で見られ始め、だんだんと追いつめられていきます。史実を見ていきますと、そうした中で企業等を批判する側は、受ける被害の地域的な広がりを強調する方向をよく模索していきます。大字《おおあざ》よりも町村全体、町村よりも郡や市レベルに被害が広がると強調して反対基盤を広げようとしているのです。

一方、そうした中で公益性の大小を比較するのでなく、地域の存続する基本的権利、住民一人ひとりの生活する権利を対置していく論理もまた生まれてきます。それらがどう展開させられていくのか、またどんな人々によって展開させられるのか、実際に即して見ていくことが大事だと思います。それは、まさしく人間としての基本的権利に関する認識の確立と言ってよいものだからです。日本は、戦前自前の民主主義を生み出してこなかったという意見がありますが、その当否を検証することともなると思います。

こうした中で、重要な意味を持ってくるのが被害の実在性とその程度に関する事実認定の問題です。被害が劇的に生じているものであれば比較的主張しやすいし、否定されにくいものですが、環境汚染等に基づく被害というのは、その程度、広がり、そして環境汚染物質の寄与度、因果関係など、確定するためにたいへんな困難を伴います。また、汚染防止技術のレベルについて評価することもなかなかできることではありません。企業側が国と一致してこれらを低く評価してきたとき、被害者たちはどのようにしてそれを打ち破っていったのか、そこに人間としての知識の成長も見られる、たいへん大事なところだと思います。

このことに関係してさらに述べておきますと、科学技術のあり方および医学のあり方に関する歴史的な検討も重要かと思います。医学の問題については後で取りあげますから暫くおいておきますが、科学技術の進展がどんな分野、どんな方向に力を入れられて進んだか、公害防止という観点はどう評価されていたのか、その技術はその中でどんな位置を占めていたのか、近代は科学と技術の時代という単純な評価にとどまらない認識を得ていくことが大事でしょう。

同じように、公害や環境問題が社会の各分野にどんなインパクトを与え、その分野のあり方にどんな内容を付加していったかも検討しなければならないと思います。たとえば、法の体系に公害問題や環境問題は、いつからどのような影響を与えてきていたのか。もちろん、法体系ということで言えば、一九七〇年の公害国会以降急速に整備され、今日では環境基本法以下大きな体系を創り出すに至っています。それは、旧来の法の体系すなわち、国家の行動規準のあり方を大きく変えてきたものであります。

しかし、法体系のあり方という点で言えば、公害や環境問題の観点はなにも一九七〇年前後以降の法令に限られているわけではありません。戦前の法体系の中にも、各種の産業法の中には、たとえば鉱業法や工場法において公益維持の条文があり、またそれに基づいてたとえば内務省社会局や鉱山監督署は取締を行なってきています。また、そうしたものとは別に一九二〇年代後半から三〇年代初頭には水質汚濁防止法案の制定が現実に準備されていたり、府県令としてたとえば大阪府の煤煙防止令のようなものも制定されているのです。これらがいつごろから、どのように進展し、いかなる役割を果たしていったのか、ぜひ明らかにしたいものだと考えています。

被害を受けた人々の暮らしについて知っていくことも重要です。これはその解明において辛いところも数多くあるのですが、絶対に避けて通ってはならない課題だと思います。人間の各時代におけるありようを知るうえでも、また人間社会そのものを知るうえでも大事なことではないでしょうか。歴史学の多くがともすれば政治や経済・文化の華やかな場面に目を奪われる傾向がどうしても強いのですが、それでは民衆の生活に根ざした真の歴史学とは言えません。

3　公害問題と医学・衛生学

公害問題や環境破壊問題は、医学や衛生学のあり方にどんなインパクトを与えたのでしょうか。医学や衛生学が人間の健康や病気に深く関係しているだけに、環境の汚染や破壊を通して人間や動植物に悪い影響を与える公害問題あるいは環境破壊問題とは特に深い関係を結んできました。多くの医学者や衛生学者が公害を原因とする病気や疾患に取り組んできました。最初原因が分からないまま、さまざまな病状を訴える被害者の声をもとに、その原因をある特定の有害物質によるものと突き止め、どこからの廃棄物がそうした有害物質を生み出しているのか解明してきました。また、病気や疾患に苦しむ人々の訴えを受け止め、その回復に向けての対処法を追求し、患者たちを励ましてきました。

しかし、公害被害者の苦しみに対し、医学者や衛生学者たちが問題をすべて解決してきたわけではありません。新しい種類の環境破壊問題はさらに広がっています。また、汚染が継続している中での病状への対処法についてもすべて明らかになっているわけでもありません。今後ますます多くの努力が求められていると言ってよいでしょう。

ところで、ちょっと辛口な発言になると思いますが、公害や環境破壊に対する医学・衛生学のあり方について言えば、良心的な医学者たちは大きな痛みをそこに感じてきたのも事実ではないかと思っています。

歴史を振り返って感じるのですが、近代日本の医学や衛生学というのは、まず軍事との深い関係の中で進んできたように見えます。また、もう一つはコレラや天然痘・赤痢、そして結核などといった伝染病の広がりに対処する中で進んできたのではないでしょうか。いずれも要介護者や病者をピックアップし、健康者の社会と切り離してその力を発揮させていくという方法を強く持つものでした。たとえば、徴兵検査において男子の健全度が甲乙丙丁とランクづけられ、差別されました。とりわけ不合格とされた丙や丁は国民の義務を果たせないものとして蔑みの対象とされました。病者や要介護者、あるいは体の弱い人は社会の厄介者という認識を広めていく役割に医学が一役買ってきたのです。

また、伝染病の広がりに対処する中で重要な位置づけをされた施設として避病院や隔離舎がありますが、どれだけ多くの人々がそこに入れられることを嫌ったか。そこに入れられるというのは、社会とのつながりを断ちきられること、また非人間的存在として差別されることを意味していたからです。そして残念ながら、そこに強制的に運んでいく役割を果たしたのが警察であり、だれをそこに運ぶかを決定したのが医者であったというのも事実であります。

病者や要介護者等に対するこうした差別的まなざしの全般的な形成が、公害に基づく健康被害を受けた人々に対しても当てはめられていったのではないでしょうか。簡単には対処法が見つからない症状を前に、たとえば地域においては、同じ原因物質にさらされている多くの人々が同じ病気や障害にかかる可能性をもっていながら、現状における相違点だけを根拠に相互に排除しあうなど、悲劇的で深刻な溝をつくることもありました。もちろん、こうした意識が家族等を含めた本人自らの病気隠しとしてその発見や研究、原因究明を妨げる背景として作用してきたことも事実です。公害問題にかかわる中で医学や衛生学はこうした問題にどう対処してきたのでしょうか。

実際、病者や要介護者などは社会的に問題を与える存在ではないのです。皆様方に対してはそれこそ釈迦に説法そのもので、もう止めなければなりませんが、病者や要介護者を社会の厄介者とする考えをどうすれば克服できるのか、ぜひ考えていただきたいと思います。なお、伝染病がおおむね克服されようとしている現在、新たな関心を呼んでいるのが遺伝の問題ではないかと考えられます。遺伝の要素は人間が後天的になかなか対処できるものではないだけに、病気や障害の原因と言われたとき、弱者への新たな差別とつながりやすいものだと思います。公害や環境破壊によって生じる健康被害についても、こうした面での危惧は現実にあると思います。今後の重要な課題ではないでしょうか。

一方、原因者側の病気隠し、あるいは病気との因果関係の否定という動きに対して、医学や衛生学の対応はどうであったのでしょうか。医学や衛生学の面から見て公正で科学的な原因究明が、権威主義的で的外れな説のためしばしば妨害され、攪乱されたことも多々あったように思います。このことは、たとえば水俣病の病因に関して有機水銀説を打ち消すため、日本の医学の権威がどんな説を打ち出したか思い返すだけでよくお分かりいただけると思います。また、その病像論をめぐって、現在でもその認定作業や裁判等でいろいろ手の込んだ主張が行なわれ、被害を小さく見せようとしています。残念ながら、こうした態度をとる方が今も跡を絶っておられないのが、現実ではないかと思わざるをえません。

もちろん、先にも述べましたように医学や衛生学の面から公害問題を正面から捉え、それに対処してきた方々は大勢おられます。過去にさかのぼっても、大阪でばい煙や騒音の健康被害を事実に即して解明してきた藤原九十郎博士をはじめ、大阪市立衛生試験場の関係者など戦前から多くの伝統を築いてきています。

公害による被害を訴えてきた人々の立場に立ち、その人々のかかえる悩みを理解し、励ましていくことができるという点で医学関係者たちの存在は大きいものがあります。そのような方向でかずかずの実績をあげてきた歴史がどのような苦難の歩みを経て築かれてきたか、後世に語り伝えていく必要があるのではないでしょうか。繰り返しますが、こうした人々の取り組んできた跡を解明し、そこから学んでいくことは、医学や衛生学の今後の発展にとって大きな役割を果たすものと考えています。石原修博士が、工場衛生の調査に基づき国家医学会例会で「女工ト結核」と題する講演を行なったのは一九一三年のことでした。それから九〇年近くなりますが、医学や衛生学の歴史もまた社会とともに、そして公害や環境問題とともにあったことを考えていかねばならないと思います。

4　公害問題資料の調査・保存の重要性について

公害問題や環境破壊問題の歴史は、言うまでもなく、それに関する過去の記録や文書あるいはモノを手がかりにして初めて再現していくことができます。ところが、このことに関する現状はたいへん心もとないと言わざるをえません。

一つは、どこに、どんなものが残されていて、それがどんな価値を持つものであるかについての知識がほとんど蓄積されていないという問題があります。これは、公害問題や環境破壊問題を歴史的に解明しようという全般的な認識の乏しさと関係しています。個人的な体験を申し上げて恐縮なのですが、私が公害問題の歴史に興味を持ち調べ始めましたのは一九七〇年代の初めでした。そのころは、公害問題が社会的に爆発していまして、関係者の間では当面の問題に関する調査や研究あるいは対策ばかりでなく、さらに問題を本質的に理解するためには過去にさかのぼって歴史を解明する重要性も唱えられていました。ところが、歴史学界ではどうしたわけか、あまり関心を寄せるものもなく、私がこうした研究をしていると言いますと、怪訝な顔をされることの方が多かったように記憶していま す。おそらく当時は、公害問題は歴史学上の重要な問題として認識されていなかったのではないかと思わざるをえません。そして、研究者の層が薄いという点では現在もまだその状況は克服されていないのです。歴史学界の一隅に身を置いています人間としてまことに残念に思うところです。

繰り返しますが、研究の進展は、その素材となる史料の発見に比例するものです。また、史料の調査は研究の進展に比例するものです。両者は不即不離、相互に影響しあってともに進展していくものです。公害問題について言いますと、戦前の史料に関する調査は、その事実認識の乏しさともあいまって、一部を除けばまことに寒心すべき状況にとどまっています。では、戦後の問題については大丈夫かと言いますと、これまた全く不十分であります。事件としては一応終結しますと、やがて関係者も減り、人々の記憶もあいまいになり、薄れていきます。多くの文書も記録もそれとともにどこかに消え去り、やがて分からなくなっているのが現状であります。公害は終わったという声がときどき聞こえますが、中には問題の所在自体を隠そうとする意図もあるようです。

こうした中で、公害の体験を風化させないため、記録を集め、研究して後世のため保存し、その利用を図っていこうという動きも少しずつ見られるようになっています。水俣病に関しては、水俣市に市立水俣病資料館と財団法人水俣病センター相思社の水俣病歴史考証館があり、また現在国立水俣病総合研究センターを中心に新たな資料館建設の構想が進みつつあります。[1]新潟水俣病に関しても資料館建設の構想が進んでいます。[2]大阪の西淀川公害裁判の和解の結果設立された財団法人公害地域再生センター（あおぞら財団）でもこの二～三年来、環境庁公害健康被害補償予防協会の委託事業として[3]大気汚染対策にかかわる被害者・住民運動資料の保存・整理手法にかかわる調査研究に取り組んでいます。[4]尼崎公害訴訟に関しては、阪神淡路大震災で事務所に被害を受けたのを、歴史資料ネットワーク（史料ネット）および尼崎地域研究史料館の協力で救出し、その保存のための調査が行なわれました。あおぞら財団の調査は川崎・千葉・水島・四日市などとの連携も進めることが考慮されています。しかし、これらの活動には今多くの問題を抱えていることも事実です。

いっぽう、こうした中で環境庁文書の保存もまた新たな課題として注目され始めています。[5]レジュメの最後にその保存を要請する緊急要請書のコピーをつけておきました。ご承知のように環境庁は公害が政治・社会問題の焦点となっていた一九七一年、公害・環境対策をつかさどる国の組織として設置されたものです。発足以来環境庁はさまざまな役割を果たし、現代の公害・環境問題を考察するうえでも重要な位置を占めています。環境庁発足以前のものも含め、環境庁に各方面から送られたさまざまな文書や記録、あるいは環境庁自身が作成した諸文書・諸記録といったものは現代日本の公害・環境問題に関する基本的な資料となるものであり、今後の諸施策においても、また国際的な公害・環境問題の経験交流においても不可欠な存在であります。

これが、二〇〇一年一月の省庁再編を前に十分な検討が保障されないまま不用意に廃棄される危険に直面していることがつい最近判明いたしました。緊急要請書はそのことに注意を喚起し、適切な保存対策を取るよう訴えるものであるのと同時に、この際広く公害・環境問題に関する史料調査・保存に取り組む各地の活動に理解と援助を求めるものであります。

公害や環境問題の資料を保存し、後世に伝えていくことは、それにかかわったすべての人々の協力と理解を必要とします。関係者の中には、もう思い出したくもないという感情もあることを承知のうえ、この課題をどうすれば全うしていけるのか、今や多くの人々の智恵と努力が求められている時ではないかと考えています。

おわりに

以上で私の報告を終わらせていただこうと思います。本日は全体的な視点についてまとめておきたかったこともあり、若干抽象的な展開にとどまったきらいもあったかと存じます。具体的なところについては、改めて、また、すこしずつお話しできればと考えております。ご静聴ありがとうございました。

注

（1）水俣病情報センターとして二〇〇一年に発足。
（2）新潟県立環境と人間のふれあい館（新潟水俣病資料館）として二〇〇一年にオープン。
（3）現在は独立行政法人環境再生保全機構。
（4）あおぞら財団付属　西淀川・公害と環境資料館（エコミューズ）として二〇〇六年開館。
（5）現在は環境省。

第一部　通　史

——日本の近現代史と公害問題・環境問題の推移

1　戦　前

（1）近代的産業基盤の形成と公害問題の出現

欧米的生産方法の移植

幕末に欧米列強の圧力に耐えられず開国した日本では、深刻な内戦過程を経て一八六八年、明治政府が姿を現した。明治政府は「万国対峙」の状況認識の下、富国強兵を目指した殖産興業政策を展開し、欧米で開発された産業機械やその技術・技法等を、紆余曲折はあったとしても急速に移植し、各地で産業のあり方を大きく変えていこうとした。欧米の技術や技法に対する確信は信仰のような強固さを持ち、政府やそれに連なる人々は、それがもたらすであろう生産力と富の向上を至上のものとして人々を威服させていこうとしていた。

しかし、こうした欧米技術の急速な取り込みが、鉱業においても、工業においても環境を汚染し、人々の暮らしを襲ったのである。すでに鉱業に伴う鉱煙毒などは江戸時代にも多数存在していたことが知られているが、そうした問題と、右のような欧米技術による生産力増大を目指す中から生じた環境汚染とがともに展開していくところに近代の特徴があったと言ってよい。

一方、この時代、被害を受ける人々は、それがたとえ政府の推進する西欧の技術に基づく大規模産業に由来していたとしても、その被害に対し決して沈黙していなかった。むしろ、多くの場合その被害の持つ重要な意味を訴え、加害者と対決して、その事業の廃止を求めることが多かった。欧米的生産方法とそれに基づく国富増大への確信は、当初から大きな試練を課されていたのである。

足尾銅山鉱毒事件

一八七七年古河市兵衛が手中にした足尾銅山では、まもなく鷹《たか》の巣直利《すなおり》・横間歩直利の二大鉱脈を発見する。古河は削岩機やボイラー式ポンプの投入、水力発電所の設置、鉄索による運搬開始など西欧技術の積極的導入に努め、足尾銅山を一躍日本第一の生産をあげる大銅山に変貌させる。製錬所では大量に木材を使用し、そのための山林乱伐と製錬過程から出る煙害とで八四年ごろには製錬所周辺の山々の樹木がはやくも枯れ始め、同じころには下流の渡良瀬川でも魚類が大量に死んで流れるのが見られるようになった。九〇年には渡良瀬川の洪水によって押し流された鉱毒のため流域の広大な農地に大きな被害を出した。

田中正造の肖像

（国立国会図書館ホームページ「近代日本人の肖像」http://www.ndl.go.jp/portrait/detas/290_1.html より）

ここに至って栃木県会（九〇年一二月）、群馬県会（九一年三月）ともに知事に鉱毒対策を建議、農科大学等に被害原因と除毒対策の調査を依頼した（九一年六月）。栃木県選出の衆議院議員であった田中正造も第二回帝国議会で質問した。被害を受けた広大な地域の有力者たちは、その地域の多くの人々の声を踏まえて足尾銅山とその経営者古河市兵衛の勝手な環境破壊に規制をかけようとしたのである。実は、鉱業に伴う鉱毒や煙害については、当時全国各地で見られた現象であって、監督官庁は地元の利害を考慮し、開掘を中止させることもそう珍しいことではなかった。だから、足尾銅山についても被害地住民たちは政府の規制を期待したのである。しかし、足尾銅山は、そうした規制がかけられたような小規模で、弱くて、古い技術の鉱山ではなかったことが重要である。それは、まさしく政府が富国強兵の拠点として期待する最先端の技術を駆使した大銅山であった。政府の規制が進まない中、古河市兵衛は栃木県知事の仲介で被害者と示談交渉を進め、一八九四年には永久示談を結んで彼らの口を封じた。また、九五年には製錬所に隣接し、煙害で苦しむ松木村民とも「条約書」を結んで、やがて松木村の土地を彼らから奪い取っていく基盤ともした。

背後に政府の威光を有した古河市兵衛と足尾銅山の力はまことに強大なものがあった。しかし、被害地はいっそう広がり、住民側の声もまた大きくなってくる。一八九六年二度の渡良瀬川大洪水とそれに伴う大被害は永久示談の存在にもかかわらず、村々で鉱業停止の声を高め、運動の主導権も上層農民から中・下層の農民、青年層に移っていく。こうした中で東京の新聞・雑誌記者らが現地視察を行ない、問題は一気に全国に知られることとなった。被害地の農民たちは一八九七年三月二度の大挙上京（押し出し）を敢行、時の農商務大臣榎本武揚の現地視察を引き出した。政府は、足尾銅山鉱毒調査会（第一次調査会）を設置し、古河に対し鉱毒予防工事を指示した。政府は、こうしなければ足尾銅山を鉱業停止の危機から救うことはできないと考えたのである。

しかし、工事の後も鉱煙毒は消えず、渡良瀬川は相次いで洪水を起こし、農地の疲弊は極限にまで達した。農民たちは九八年にも押し出しを行なうが、成果を得ることはできなかった。一九〇〇年第四回目の押し出しを行なったとき、利根川の川俣渡し場で警官隊がそれを阻止し多くの負傷者と逮捕者を出した（川俣事件）。政府は、被害者側に圧力を加えて問題の圧殺を図る方に転じたのである。この後、足尾鉱毒問題に対する政府のこの姿勢は徹底したものとなり、議員を辞した田中正造の天皇直

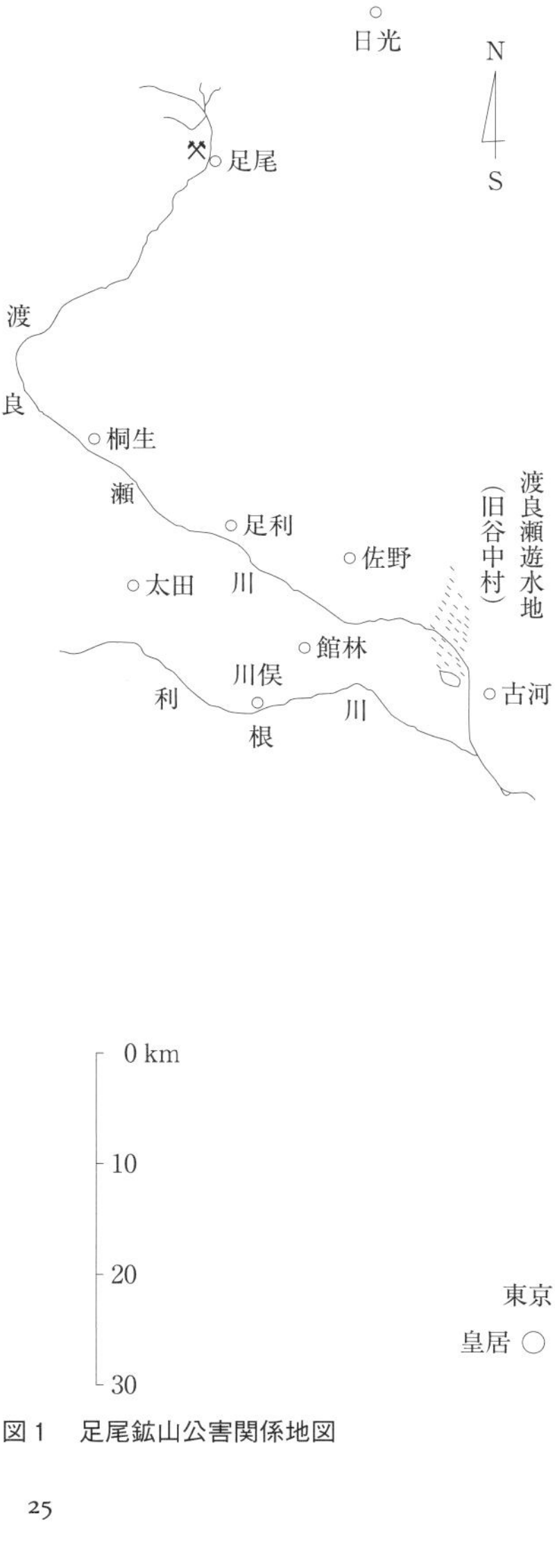

図1　足尾鉱山公害関係地図

訴（〇一年）をきっかけとする世論の大高揚を前にしても揺らぐことなく、洪水の予防と鉱毒の東京流入を防ぐため、一方で渡良瀬川堤防の強化工事を進行させつつ、〇三年には谷中村の大遊水地案を提案、〇四年同村の廃村を決定、〇七年には土地収用法を用いて少数となった抵抗派住民の住居等を強制破壊した。

地方の公益と銅山経営

足尾銅山鉱毒事件に対する政府のこうした強硬方針は、どこから導かれたものだろうか。巨大な生産力を維持したいという願望とあまりにも激烈な被害を前に、相互の利害調整が抜き差しならない状況に至ったための暴走と考えるべきなのであろう。政府は洪水の防御で鉱毒の被害を防ぎ、それが表面化するのを防いで多数の農民等をなだめるとともに、少数の谷中村村民の犠牲を必要悪としてその破壊を合理化したのである。この点、少し遅れて地元住民と深刻な対立関係に陥った四国の別子銅山等においては、これとは違った様相を呈していくことを見ておかねばならない。

のちに重化学工業を基盤とする大財閥に成長する住友家においては、明治維新以降、すでに近世以来の採掘方法では発展の見通しを失っていた愛媛県の別子銅山をその「財本」としてなんとしてでも生き返らせようとしていた。一八八四年には新居浜に洋式の溶鉱炉を建設、九三年にはそこと別子銅山とを結ぶ私設鉄道を完成させ、製錬事業も急速に拡大させた。しかし、このことが新居浜およびその周辺地域の農作物に大きな被害をもたらしたのである。農民たちは、九七年住友家や愛媛県庁に対し溶鉱炉の移転あるいは完全な除害施設の設置を要求して立ち上がった。この年には大阪鉱山監督署および農商務省農事試験場の調査があり、煙害の存在を確認、愛媛県会は別子銅山附属新居浜溶鉱炉煙害調査の建議を決議した。政府は、翌九八年「煙害が関係地方農民の公益を害しつつあることを確認」して、大阪鉱山監督署から、速やかに鉱業所を四阪島に移転すること、ならびに新居浜における生鉱溶焼禁止および煙突の改善等一〇項目の命令を発した。住友家では一九〇四年、時の住友家総理伊庭貞剛の決断で巨費を投じて新居浜の溶鉱炉を沖合の四阪島に移転する。この間、農民たちの態度は硬く、〇二・〇三年には彼らの意見を代表する議員が衆議院で質問演説を実施した。

近代以降日本全国で銅山経営は盛行していた。大資本による経営もあったし、零細な資本によるそれも多かった。しかし、そのいずれもが伝統的な農林漁業に大きな脅威を与え、地元の産業基盤や生活を破壊するものとして強い批判に晒されていた。政府は、この問題に対処するため一八九〇年には鉱業条例を、そして一九〇五年にはそれを改正した鉱業法を制定し、全国六ヵ所に鉱山監督署を置いて監督にあたらせた。監督の主眼が地元の「公益」侵害への監視であったことは注目しておかねばならない。法規上は、鉱山が「公益」を害する（すなわち「公害アリ」）と認められたとき、鉱山監督署は除害工事を命じ、あるいはその鉱業を停止する権限も与えられていた。特に開掘に際しては、地元の利害を聞くこととなっていた。問題は、鉱毒や煙害の程度の認定と、国益につながると考えられた鉱山からの利益に対する国の願望との調整策の策定であったと言ってよい。鉱山の生産力が大きくなればなるほど被害者の要求との調整に悩むこととなったのである。別子銅山でも、あるいは同じころ大きな問題となった茨城県日立鉱山でも、あるいはまた秋田県小坂鉱山でもこの調整策の検討に政府は悩まされた。

都市の工業化

さて、欧米の科学技術に基づく産業技術の導入と言えば、都市における工業生産においても同じことが起きていた。有名な東京深川の浅野セメント降灰問題は早く一八八五年にその被害が問題とされている。しかし、ここでは戦前最も典型的に工業化を進め、のちに「煙の都」と称して胸を張った大阪を中心にその形成過程を見ておくこととしよう。

近代の大阪において伝統的産業とは別の新しい工業化への芽生えは、造兵司（一八七〇年—のち大阪砲兵工廠）と造幣局（七一年）の二大官営工場設置から始まる。民間においては真島襄一郎の紙砂糖製造工場（七六年、中之島）や五代友厚の製藍工場（七七年、朝陽館、堂島）あるいは当時業態確立を模索していた天満周辺のガラス工業などがその嚆矢と言ってよい。しかし、大阪という都市の中で機械制の工業がその重要性を市民から全般的に認識されるようになるのは、八七年前後のころを待たねばならなかった。ちなみに、七七年には大阪府が鋼折・鍛冶・湯屋三業取締規則を制定しているが、工業化が都市の発展を支えるという思想が行政内部でもまだ未確立であったことを反映して、それは付近住民の許諾を操業の絶対条件とし、それがクリアできないときには市街地を立ち退くべしという徹底した産業規制と都市環境保護の観点で貫かれていた。我が国最初の公害規制法規として有名なこの大阪府令は、この年の西南戦争に際して軍需に応じるための生産活動が市中で活性化し、近隣住民の迷惑を引き起こしていたという事実に対応するものであったと考えられる。

都市では工業化が不可避であり、工業化のためには環境の汚染も一定限容認すべきであるとする主張が出現するのは、一八八七年のころである。それはまず民間において出現した。すなわち、この年

煤煙に汚染される大阪堂島川周辺
（1912年撮影。『大阪府写真帳』より）

発行部数の増大に対応するため蒸気力を使って輪転機を回すようになっていた中之島の朝日新聞社がばい煙の加害者として住民から訴えられた。同社はこのとき一方ではばい煙を減らす工夫を進めるとともに、他方ではこれを工業化に伴う不可避の状況として反論したのである。こうした中、大阪府は専門家を採用して工業活動のあるべき姿を検討し、やがて九六年になって、製造場取締規則を制定する。大阪府はこの規則によって製造場の位置・構造物を細かく規制し、黒煙排出限度を定め、工場設置における許可制を徹底することによって職工および周辺住民の危害の予防、健康の保持すなわち「公害」の防止を図ろうとした。

しかし、問題は都市工業化の進展速度がこの規制の効果をはるかに上回ったことであった。工業化は都市の発展を支えるキーワードとして、その否定面をのりこえ、広く認知され始めていた。大阪市は一八九七年、まだ農業地域も残る周辺町村を合併し（第一次合併）、工業都市としての発展をさらに図ろうとする。こののち、もとの大阪三郷周辺地域の環境は西部の野田・福島、南部の難波・木津あるいは城東地域等早くも「煙の都」の様相を呈していく。第五回内国勧業博覧会の大阪の実施を前にした一九〇二年、大阪府会は「煤煙防止に関する意見書」を府知事に提出し、対策を訴えるが、状況の改善はいよいよ困難となっていた。

大阪においては工業の発展を担ったのが民間であったため、環境の汚染は、当初もっぱら規制の対象とされていたが、やがて工業化の価値を強調する論調の広がりとともに、行政もまたそれを配慮する中、汚染の放置・慢性化が進んだと言ってよいだろう。ただし、この時期都市衛生の観点から工業優先の都市形成を批判する論点も出てくることに注意しておかねばならない。すなわち、一八八八年には東京市区改正法に対し後藤新平が『職業衛生法』を著わし、都会の煙突に憂慮を示した。大阪でも八九年私立衛生会大会が大阪で開かれたとき『大阪毎日新聞』は社説で工業化による都市衛生の悪化した実情を指摘している。

近代的産業基盤の形成が生み出した問題認識

近代的産業基盤の形成は、一九世紀後半の明治維新以降一九世紀末ごろまでに、鉱山と言い、都市と言い、それが典型的に見られた全国各地で環境悪化を招き始めていた。そして、中には足尾鉱毒事件のような強権的な対応と惨状を見せることもあった。ただ、一般的には、それを不可避の問題として認識する論調とともに、批判する論調や住民の動きも強まり、解決への対応が求められ始めていた。

換言すれば、公害問題の形成は、近代産業の移植、定着を是とするかどうかという論点のみならず、それを是とする場合に解決しなければならない大きな課題の存在を明示したという意味を持っていたのである。

(2) 公害防止技術への期待

鉱煙毒予防技術と経営の思想

日露戦争が戦われた一九〇四~〇五年あたりを境に、日本の産業も官営八幡製鉄所の操業開始に象徴される重工業の定着があり、一方、都市部では紡績産業を中心とする軽工業がいよいよ大きな進展を見せていた。また鉱業もますます殷賑をきわめてくる。それらの産業がもたらす富の増大も大きなものがあったが、環境の破壊もまた各地で大きな問題とされてきた。こうした中、生産地点における除害技術の導入が、問題を解決する大きな力となるものとして注目されてくる。

鉱業においては、四阪島(愛媛県)・小坂(秋田県)・日立(茨城県)などの鉱煙毒被害が広がる中、一九〇九年、政府は鉱毒予防調査会を設置し、予防方法の研究に従事することとなった。農商務省においてこの研究を指導した和田維四郎は、その成果を自賛し、基本的な問題はほぼ解決できたと述べている。また、製錬所からの煙害対策は都市における工業においても同じことであるとも主張した。なお、この研究において中心の一人であった辻本謙之助は、鉱山監督署技師から小坂鉱山に招かれ、さらに二〇年代半ば以降には大阪高等工業学校講師として、大阪における煤煙防止運動の技術的指導を担った。

もっとも、現実の採鉱・製錬過程においては、さらに、その地勢や気象条件等との関係でその除害技術にはさまざまな工夫がこらされた。また、そこでは営利を第一とする企業経営という条件からも常に影響を受けていた。

日立鉱山においては、一九一四年被害がピークに達し、被害町村は四町三〇ヵ村におよび、住民は鉱山に対して怒りの声をあげていた。この年、日立鉱山が支払った被害補償金は二〇万円を超える多額に上り、経営を大きく圧迫し始めていた。このような中、日立鉱山では農商務省で主張されていた煙を低く、薄く、狭い区域に封じ込めて被害を少なくするという方針に対決して、高い山の頂にさらに高煙突を建築し、排煙を上空において希釈させるという方式を採用した。日立の大煙突と言われる大きな決断であったが、地形上および気候上の条件と相俟って、これが功を奏し、日立鉱山は長年にわたる煙害問題を解決させ、経営上の負担も取り除いた。

一方、住友家が経営する四阪島製錬所での煙害防止技術の採用については、そこに経営上の問題が絡んでいたこともあり、一九三九年まで遅れることとなった。すなわち、排出する亜硫酸ガス（SO_2）から硫酸をつくる技術は確立していたのであるが、その市場的用途が見出せないことから設備を見送っていたものであった。それが、硫酸の用途が増大し、また中和工場に必要なアンモニアの大量製造が可能となったから、防除技術を採用することを決めたというのである。ここには、見事なまでに営利を第一とする企業の論理が働いていた。住友は、防除設備を設置するかわりに、一〇年以来三九年に至るまでの間、延べ八四七万円あまりの賠償金・寄付金などを被害者に支払い続けた。

こうした対応は、三井財閥が経営した神岡鉱山（岐阜県）でも見られた。すなわち、一九一七年被害を訴える住民たちの前で、鉱山側は、煙害の六〇パーセントを占める鉱塵は電気集塵機で九六パーセントを除去でき、残り四〇パーセントの亜硫酸ガス（SO_2）は硫酸製造によって除去できるが、後者の設備投資に二〇〇万円が必要であって、これでは経済的にとうてい不可能であると述べて、電気集塵機以外の設備を拒否している。ちなみに、神岡鉱山は、戦後カドミウム廃液を神通川に流し続けることによってイタイイタイ病の加害責任を追及された鉱山として知られている。

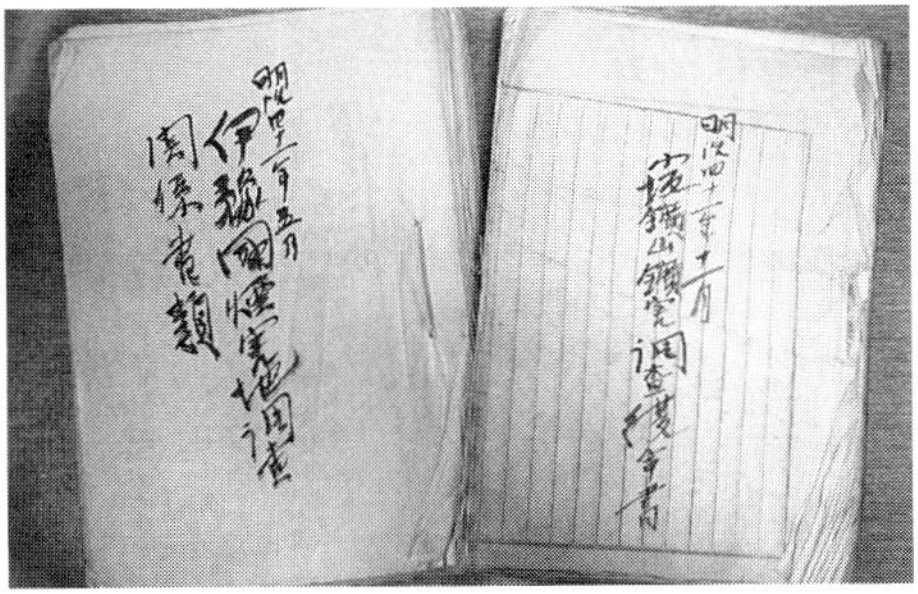

農商務省農事試験場技師の煙害調査報告書
（編者所蔵）

被害調査への注目

この時期、除害技術の発展とならんで被害についての調査・研究が進展したことも重要である。田中正造は一九〇〇年、当時の衆議院で足尾銅山の鉱毒による農地の被害のみならず住民の健康被害についても具体的に追及していたが、政府筋では、農商務省の農事試験場が農業被害に関する調査研究の中心を担い、四阪島（〇八年）・小坂（〇八年）・日立（不詳）などで、被害の定量分析方法を確定し、その調査報告書をまとめていった。一方、被害者側もまた自発的な調査を積み重ね、加害企業側との交渉においてそれを生かしていく。

両者の調査はいろいろな点でその評価が食い違ったようであ

るが、日立の場合には、ともに真剣にそれらを示し合う中で認識を深めていったと言われている。我が国におけるこうした被害調査の水準が国際的に見て当時いかなる域に達していたものか、改めて検討してみることも重要であろう。

都市の工業活動から出るばい煙やその他の排煙汚染についても、その被害実態の調査と防除方法に関心が寄せられていった。一九一一年、工場法が制定され、第一三条で工場および附属建物・設備が危害を生じ、衛生、風紀その他公益を害する恐れがあると認めるときには予防・除害のために必要な事項を工業主に命じ、必要なときにはその全部または一部の使用を停止させることができるという条文を掲げた。それはまさに工場の公害に対処する国の基本姿勢を示すものであった。工場操業に対する周辺住民の苦情はこの時期全国各地で多く発生し、工場法に基づいて設置された工場監督官はこの条文を頼りにそれに対処していくこととなったのである。しかし、この条文に記された「公益」という言葉はきわめて漠然とした概念であったため、全国的に統一した認識・対応が困難で、彼らは大いに悩むこととなる。

都市における煤煙防止研究

一九一〇年ごろ大都市における工場公害ははやくも深刻な様相を呈し始めていた。大阪では煤煙問題は一向に解決せず、西九条・天満方面では世界の代表的な工業地域と比べても、それを上回る汚染に苦しみ始めていた。しかも、大阪アルカリ会社や硫酸晒粉会社あるいは大阪瓦斯などの化学工場が市の周辺地域に立地し、盛んに有毒ガスを発散して農地や住民の生活を苦難に追い込んでいた。

こうした中、一九一一年には前大阪府知事を会長とし、大阪市内有力者を結集した煤煙防止研究会が組織された。大阪を無煙の工業地とし、国家経済および市民の福利を目指そうというのである。その中心になったのは、警察部保安課技師家入安・高等工業学校教授鶴見正四郎・工業試験場技師岩崎寅蔵などの専門家であった。監督官庁を含む行政当局もまた問題解決に熱心に取り組んだのである。彼らは、大阪市内のばい煙汚染の現況調査を重ね、ばい煙防止のための規則や防除のための技術を外国の法規、設備などの調査をもとに研究していった。一方、一二年には大阪府会で「有毒瓦斯等ノ障害取締其他ニ関スル意見書」が決議され、有毒ガスを発散する工場に対し危害防止の装置を命じるか、市外移転の命令を発すること、煙突を有する工場に煤煙防止器の設置を義務づけることなどが要求された。

一九一二年、大阪府警察部は煤煙防止令草案を起草した。それは煤煙防止器の設置を事業者に義務づけてばい煙防止の実をあげようというものであった。しかし、これには多額の経費を必要とするところから、それを嫌った商業会議所などが反対し、ついに実現できなかった。また、大阪工業会も一九一四年には官吏の厳しいチェックを非難し、工場創設・増設時の許可制を届出制に改めることを要求している。産業界の声は公害問題の解決を求める声を公然と押しつぶし始めていた。

しかし、この時期工業生産においても煤煙防止器など公害防止機器の開発に一定の関心が集中し、開発も進められたことは十分評価しておかねばならない。とりわけ、鉱業活動に伴う製錬工程のみならず、コットレル式の電気集塵装置が工業生産過程にも導入されたこと、それが大きな役割を果たしたことは重要である。東京深川の浅野セメントが住民の抗議の前に新工場への移転が困難になっていたのを救ったのも、一九一六年におけるコットレル式電気集塵装置の設置であった。

（3）公害問題の全般的広がり

重化学工業化の進展と生産優先の思想

一九一〇年代後半以降三〇年代にかけて、日本の産業界は大きな構造的転換を果たす。すなわち、一九一四～一八年の第一次世界大戦中の全般的な生産規模拡大を経て、戦後、恐慌や不況の繰り返す中で重化学工業化を急速に進展させたのであり、また、二〇年代後半から三〇年代初頭にかけてその巨大な資本投資を支える金融資本が成立した。巨大な力を持つ金融資本が産業界を支配するようになる。一方、そうした産業活動の拠点として大都市の膨張はいよいよ本格的なものとなっていく。と同時に、大資本が農漁村地域や山間部に対しても直接進出し、その力をふるい始めていく。一九一〇年代から三〇年代にかけて公害問題もその汚染源と汚染形態を多様化し、被害を拡大させ、いよいよ国民的課題としての対応が問題とされるようになるのである。

すでに一九一〇年代以降、鉱工業生産とその基盤整備を第一義的に優先し、その結果生じる農林漁業への被害や健康被害などの問題解決を後回しにすることを合理化する議論が、汚染防止を求める声を掻き消すようにさまざまな産業界等で見られるようになっていた。早くも一〇年には『日本鉱業会誌』（三二〇号）で会員の一人は、「鉱業家は真に国家的事業家として尊重すべきもの」「国家は確実なる鉱業家を保護するの義務あること」「鉱毒問題の如きは国家の上よりしてこれを見ればまことに区々たる小事に過ぎず」「（被害者への救済は）その大部分は国家より支出すべき」等の主張を行なって、同業者から大きな共感を得ていた。また、大阪工業会は、一四年府知事に対する希望条件を決議し、工場設置・増設等に際しての許可主義を槍玉にあげ、官吏の干渉が自由主義を侵すことのないように主張している。一八年には帝国議会で発電水利権をめぐる法律案に関して、電力会社側とその後ろに控えた逓信省が水利の優先的利用権の設定を求めて、治水上の問題や農業水利権の保護をかざす内務省側の委員と激しくやりあっていた。

このような産業優先・公害軽視の意識が産業界や行政当局などに広がる中、強力な力を持ち始めた各種の重化学工業部門を中心に新たな汚染問題が広がっていったのである。一九三二年、農林省水産局から刊行された『水質保護に関する調査』には、全国で九県を除いた各道府県において二〇年代前後からさまざまな河川流域・海面・湖水等の汚染、水産業への加害実例が七六件以上にわたって報告されている。一ヵ所から何種類もの汚染物質を検出する例も存在していて、工場の規模拡大、廃棄物質の多様化、複数工場の集合立地といった問題の出現も示されている。

一九二〇年代前後以降、工場や鉱山の操業は、零細な内水面漁民にとっての漁場喪失の危機を全国的にもたらしていたのであって、しかも、こうした汚染は、ほとんどの場合、汚染問題を考慮せずに生産施設のみ

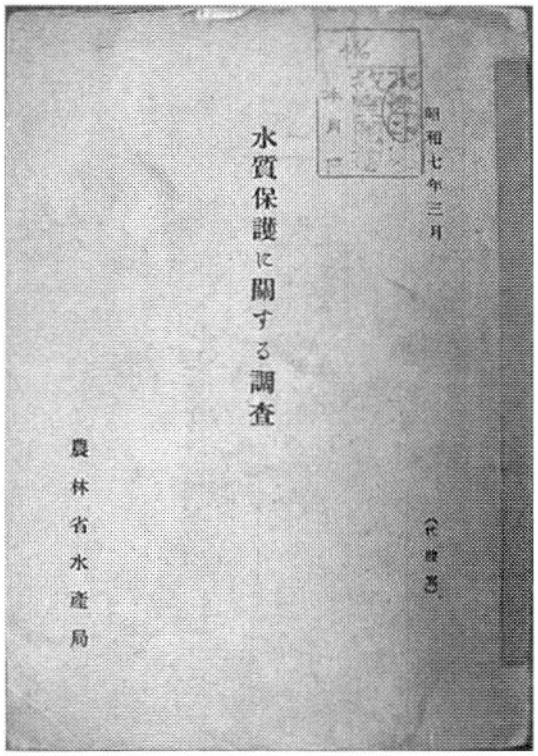

農林省水産局『水質保護に関する調査』表紙

を増大させ、廃棄物に関してはきわめてずさんな管理のまま放置・処理していたことに由来していた。中には、某化学繊維工場のように、生産に関するヨーロッパ等での最先端プラントをそっくり移入したけれども、それに付随した汚染防除の施設は採用しないというやり方も見られたのである。

都市における工場公害の深刻化

都市とその周辺地域については、煤煙問題、有毒ガス発散問題、工場廃水による河川や農地の汚染問題など、いっそう規模を拡大しつつ、ほとんど慢性化する状況となってきた。

大阪市立衛生試験所が一九二二年市内一三ヵ所において数回にわたってばい煙および煤塵汚染の状況を調査したところ、空気一立方メートルあたり平均一・〇五ミリグラム、最大一・五四ミリグラム、最小〇・六八ミリグラムという数値を得ている。これは男子一人が一日平均一二・六ミリグラムのばい煙と煤塵を吸入している計算となり、当時世界最悪のばい煙汚染状況であると指摘されていた。全国の工業地域に目を向けても、たとえば、岐阜県荒田川の上流には紡績工場などが多数立地し、その廃水で河川の汚染を続けており、その水を農業用水として利用する荒田川閘門普通水利組合は、それに対して粘り強い運動を続けている。しかし、工業家はこうした声を無視して全国で環境への汚染を続けた。

ところで、一九一九年に制定された都市計画法と市街地建築物法は、膨張する都市の無秩序な拡大を防ぎ、新しい時代の状況に対応した都市の空間構造の計画的な変革・改造に対応することを目的としていた。そこでは、用途地域の区分を明確にし、機能的でかつ健康的な都市改造を図ることがうたわれていた。この法律の実現に大きな役割を果たした大阪市助役関一もこの法律には大きな期待を寄せていた。二五年に実現した大阪市の第二次市域拡張は、まさしくそうした都市改造に対応しようとしたものである。

しかし、都市における工業化はいよいよ進み、大阪について言えば、そうした工業地域化は、第二次市域拡張の対象となった周辺地域、すなわち、旧市東部・北部・西部に著しく、そこでは、区画整理の進展、道路の新設なども見られたけれども、逆にそうした事業の結果、便利さや機能性を獲得したがゆえに、いっそう無秩序な農地の破壊、住宅と工場の混在という状況が展開していった。大阪の旧市周辺地域では、主に西日本の各地から流入した人々が、工場に隣接し、狭くて建て込んだ、しかも日当たりや排水・風通しの悪い劣悪な住宅環境の下で暮らし始めた。彼らは職場では劣悪な労働環境で仕事を続け、帰宅してもまたその健康をばい煙や排ガスでさらに害することとなったのである。一方、大阪北港土地開発などに見られる、港湾・道路など工業地としての計画的で大規模な施設を持つ開発も、この時期、江戸時代以来の広大な土地を持つ大地主と大資本家の共同によって進められた。しかし、そうした地域には当然のごとく巨大な工場が独占的に土地を獲得して操業を重ねていく。都市は、いよいよ工業本位に改造され、汚染地域は拡大し、それに悩む人々の数も増えていった。

一方、都市の空間変貌は、都心となった地域における新しい環境問題も生み出した。その第一は交通機関の変貌や市民の新しい生活・娯楽様式の普及などに伴う騒音問題であり、ビルや道路・地下鉄などの建築工事に伴う振動問題などもあった。また、自動車から排出される一酸化炭素の健康被害も問題とされるようになってきた。また、工場地帯における地下水の野放図な大量利用によって地盤沈下が広範に生じ、台風などのときに大被害を受ける事態も三五年ごろから見られるようになってきた。

エネルギー産業と公害問題

一九二〇年代以降、石炭採掘に伴って生じる地盤陥没などの石炭鉱害が北九州地区を中心に広がり始めたことにも注目しておかねばならない。三一年に刊行された『福岡県に於ける炭鉱業に因る被害の実情調査』（農林省農務局刊）には福岡県内各郡におけるその実態が詳しく調査報告されている。宅地の傾斜・亀裂、井戸水の枯渇、溜池の灌漑不能、道路の陥落、水路の陥落、耕地の陥落などが広く発生し、悪水や鉱毒水の流入も見られる。しかも三池炭鉱のあった大牟田市では、これに加えて、市内に次々構築された三井鉱業所の石炭コンビナートの操業がさらに有毒ガスの発散や水質汚染を付け加えている。石炭は日本の産業用エネルギーとして不可欠な産品で、この時期需要の急増に対応するため、長壁式採炭方式の採用や機械式採掘用具の急速な採用が進んでいたが、それが鉱害を広く引き起こしていたのである。石炭はその需要地（消費地）でばい煙被害を引き起こし、生産地でもまた「鉱害」を引き起こし始めていたというわけである。

エネルギー源と言えば、電気事業の飛躍も一九一〇年代以降のことである。一四年に猪苗代水力電気が八万キロワットの電力を東京まで超高圧で長距離送電することに成功して以来、開発も万単位となり、また堰堤式の水力発電が普及して、本州中央部の山岳地帯が電源地帯として注目され、京浜・中京・阪神の都市および工業地帯とそれらが結びつくようになった。大河川を完全に締め切る高堰堤の築造が普通になり、それに伴う諸問題が、流域の漁民・木材業者・農家などから次々と指摘され、また水没地域から立ち退かねばならない人々との間でも紛争が生じるようになった。中でも、二六年には流域の木材業者と発電事業者の対立として大きな注目を浴びた富山県の庄川事件が生じている。一方、山岳の景観をめでる人々からも自然を大きく変えるダム開発に批判が生じることとなった。

都市の煤煙防止運動

一九二〇年代後半以降には、こうした状況に対し、国や地方の行政当局もいよいよそれを無視したり、あるいは放置するわけにはいかなくなって、さまざまな対策を講じるようになる。

まず、大都市における煤煙防止運動が熱心に取り組まれた。一九二七年、大阪都市協会（二五年結成）は府・市当局者、工場経営者、衛生・燃料等の専門家によって大阪市長関一を会長とする煤煙防止調査委員会を設け、大阪の煤煙防止運動に取り組むこととなった。大阪都市協会の機関誌『大大阪』には毎号関係論文や記事が掲載され、また、『大阪朝日新聞』『大阪毎日新聞』なども積極的にそれを支援した。当時日本燃料協会に所属していた辻本謙之助はその技術的な指導者として、新たな設備投資なしでも燃焼方法を改善するだけで大きな成果があがること、しかも燃料節約につながることを力説して燃焼指導を重ね、工場経営者たちの協力を求めていく。また、大阪市立衛生試験所長藤原九十郎は、市内のばい煙調査を重ね、その害の軽視できないことを具体的に解明していった。藤原九十郎は、さらに市内河川の汚濁状況や騒音問題にも調査の手をのばし、都市環境問題全般について世論を喚起している。

燃焼指導を中心とするこの運動は、恐慌期産業能率の向上を求めていた産業界の希望とも合致し、実際にばい煙量の減少を生み出す成果をあげた。三二年には、この成果をより確実なものとするため大阪府が煤煙防止規則を制定する。また、全国都市問題会議でも煤煙防止問題が検討された。煤煙防止運動は東京でもまた中国大陸の大連でも推進されたのである。しかし、このころから急速に展開する準戦時体制のもと、軍需を基盤とした重工業生産が盛行していくと経営者の関心も薄れ、その成果も十分にあがらず、運動は行き詰まらざるをえなくなった。三〇年代後半には、煤煙防止デーに投炭競争を実施するなど、なんとか盛りあげようとするが、結局形骸化していった。

担当官僚たちによる研究と公害規制への動き

次に、工場監督官の活動を見なければならない。初め農商務省工務局に置かれ、やがて内務省社会局へ、さらに最後には厚生省労働局に所属した工場監督官たちは、工場法に基づいて全国の工場の危害予防・公害防止に取り組んでいた。彼らは、すでに一九一〇年代後半から想像を絶する劣悪な作業環境のもとにあった各地の工場現場に入って、いろいろな防除対策を個別に指導・実施していたが、二六〜七年ごろ以降は「工場公害防止」の観点を明確にして本格的な調査を重ね、個別事件への対処とともに、汚染防止のための基礎的な技術研究に従事し始めた。その成果は毎年刊行された『工場監督年報』と産業福利協会刊行の雑誌『産業福利』などに掲載されていった。その調査報告は、この時期における工場公害問題の全国的なあり方を知るうえで基礎的な資料となるものである。また、彼らの活動は、公害防止という点では抽象的で不十分極まりない工場法のもと、産業育成という観点と抵触しないでどこまで公害防止が可能となるか、その意味では公害防止を独立させない工場法の限界を客観的に指し示すものでもあった。公害防止に関する彼らの調査と技術的な研究は、いま改めて検討・評価されなければならない。

一九二八年水質保護法案の案文が、農林省を中心に外務・内務・商工・逓信・大蔵および海軍の各省代表出席のもとに確定されたことも重要である。この背景には、農林省が各地の水産試験場などを通じて把握していた水質汚濁による水産業の衰退を問題とする認識があり、またあわせて、国際連盟を中心に検討されていた船舶からの油投棄による海洋汚染問題の存在があった。この水質保護法案の内容は、現代の科学技術において除害の方法がないものは規制の例外とすること、被害除去費用の一部を国に負担させることなど重大な問題点を持っていたが、水産への影響基準を明示し、有害物質とその含有量を規定しようとするなど積極的な要素も有していた。しかし、この法案は結局議会に提出されることなく、日の目を見ることはなかった。もし、実現していれば、我が国で初めての公害防止法となったものである。

煤煙防止のパンフレット
(1932年と1937年)

戦時体制の進展と公害対策

さて、右に見たいくつかの動向は、公害問題は単純な注意や取締りなどによってのみ片付く問題でないこと、産業保護育成の観点から独立した本格的な規制と科学的な調査研究に基づいた発生源対策が求められる段階に到達していたことを示していた。しかし、それらは結局戦前の段階で実らされることはなかった。むしろ、国や産業界では最新の生産技術と大きな規模を有する生産設備、それらを支える鉄道・道路・港湾などの社会的生産基盤の構築などが、この時期以降、戦時体制の進行する中で急激に求められていき、その中で、さらに深刻な汚染の発生が危惧される状況となってきた。一九三〇年代以降、準戦時体制下から戦時体制下にかけ、大都市とその近郊における環境はいっそう悪化していった。また、三〇年代末期ごろ以降は、拡大の余地を失った大都市地域から離れた日本の各地に重化学工業の巨大な工場立地が求められ、陸海軍とも結んでその地域の土地を不当に、あるいは強権的に手中に入れる事例も数多く見られ始めたのである。そうした中には、たとえば一九三七年の東邦亜鉛安中製錬所のように戦中から戦後に問題が発現し、高度成長期における公害問題の激化する基盤となった例もいくつか見られる。

ただし、四二～四三年以降には戦争はその展望を失い、原料も人もすべて枯渇し、戦争の中で日本の生産基盤そのものが大きな打撃を受け、逆に全体としての環境破壊問題は小康を保ち、戦後につながっていったことを指摘しておきたい。

2 戦後から高度経済成長期

(1) 戦後復興期の公害問題

継続する石炭鉱害

一九四五年八月一五日の敗戦以後、公害に対する関心は、戦時中から引き継いだ生産力の急激な低下と国民生活の窮乏という状況の中で、一部を除けば全般的には低調な状況で推移していく。その中で、敗戦後も問題が継続的に認識されていたのは福岡県を中心とする石炭鉱害の問題であった。

石炭の採掘は、戦時中日本人労働力の不足する中で俘虜や朝鮮人労働者などの強制就業などによって戦時需要にこたえてきたが、乱掘に等しい状況ともあいまって農地をはじめとする各種の鉱害を激化させていた。それが、戦後になると日本の産業復興のためにとられた傾斜生産方式の採用（一九四七年）もあって、早くから石炭産業の復活があり、同時に鉱害問題も引き続いて深刻な問題とされていったのである。福岡県の調査によれば、陥落被害地の面積は二九年の四九〇一町歩が四四年には七三一九町歩、四八年には九四七五町歩へと増加していた。陥落地および鉱毒水による年々の米麦の減収は二二万八〇〇〇石（平年作の八パーセント）にものぼり、食糧増産の課題のうえからも深刻な問題とされた。

石炭鉱害に対する賠償は、一九三九年の鉱業法改正によって無過失賠償の原則が採用され、鉱業権者は、その出炭量に応じて一定金額を供出し、それによって被害に応じることとされていた。戦後もこの原則が継続していたため、被害者は年々の農業被害等については一定の補償を受けたのであるが、農地等の復旧にまで手が回るものではなかった。四八年、これとは別に配炭公団に業者が資金をプールする制度を開始し、ようやく農地等の復旧にも展望が見えてきたのである。なお、業者は、この費用を石炭価格に転嫁できたから、この制度の新設には抵抗しなかったと言われている。

都府県の公害防止条例

戦時中、日本の工業は戦争遂行の目的に応えるため、軽工業やその他の民需を最大限犠牲にして重化学工業に特化していた。しかし、戦後は戦時需要も消滅し、また財閥解体もあって巨大な重化学工業の復興はしばらく見ることができなかった。こうした中、産業の復興は農林漁業そして軽工業から始まっていく。それは、工業について言えば、戦前に形成された四大工業地帯の復興ということであり、一九五一〜五二年の朝鮮戦争による「特需」を経て大きな流れとなっていった。しかし、この時期、公害問題を取り締まるべき行政当局においてそれへの対処の視点が戦前段階にとどまり、産業保護にこだわり、汚染防止をあいまいにした戦前のにがい経験が十分に深められていなかったことも事実であった。

東京都では四九年に東京都工場公害防止条例、大阪府では五〇年に大阪府事業場公害防止条例、神奈川県では五一年に神奈川県事業場公害防止条例がそれぞれ制定されているし、また他の府県でも制定されたところがあった。このうち東京都工場公害防止条例を見てみると、工場の新築・改築等すべて許可制であり、工場公害防止措置の義務づけ、取締官の立ち入り権限の明記など、なかなか厳しい規定がなされている。しかし、結局個別工場に対する取締に終始するものであって、たとえば排出物の規制基準も規定されてはいなかった。大阪府については、衛生部環境衛生課による五〇年度・五一年度についての「処理状況」が報告されているが、これまた個別事例への対応にとどまっていたことを示している。

工場公害問題は、産業の復興過程の中で地域住民との紛争を早くももたらしつつあったが、事件ごとにとられる被害者側・工場側それに行政担当者を交えての個別対応、それもほとんどが事後の対応に終始していたのである。

重化学工業の復興とコンビナート造成への地ならし

一九五〇年代もなかばを迎えるころ、戦前に基礎を固めた重化学工業の操業もようやく新たな展開を見せ始めた。たとえば三菱重工は、一九四一年岡山県水島地区に海軍と結んで海軍用航空機製造工場および飛行場を建設するため広大な土地を手に入れ、四四年には第一号機の製作にまで進んでいたが、戦時中四回にわたる空襲を受けたうえ、戦後は軍からの需要消滅と財閥解体もあって数年間は人員整理等を行なっただけで何事もできずにいた。それが、五一年には岡山県が国策パルプ工業に立地を誘致し、これは結局断られるが、五三年ごろ以降になるとピー・エス・コンクリートをはじめとして、

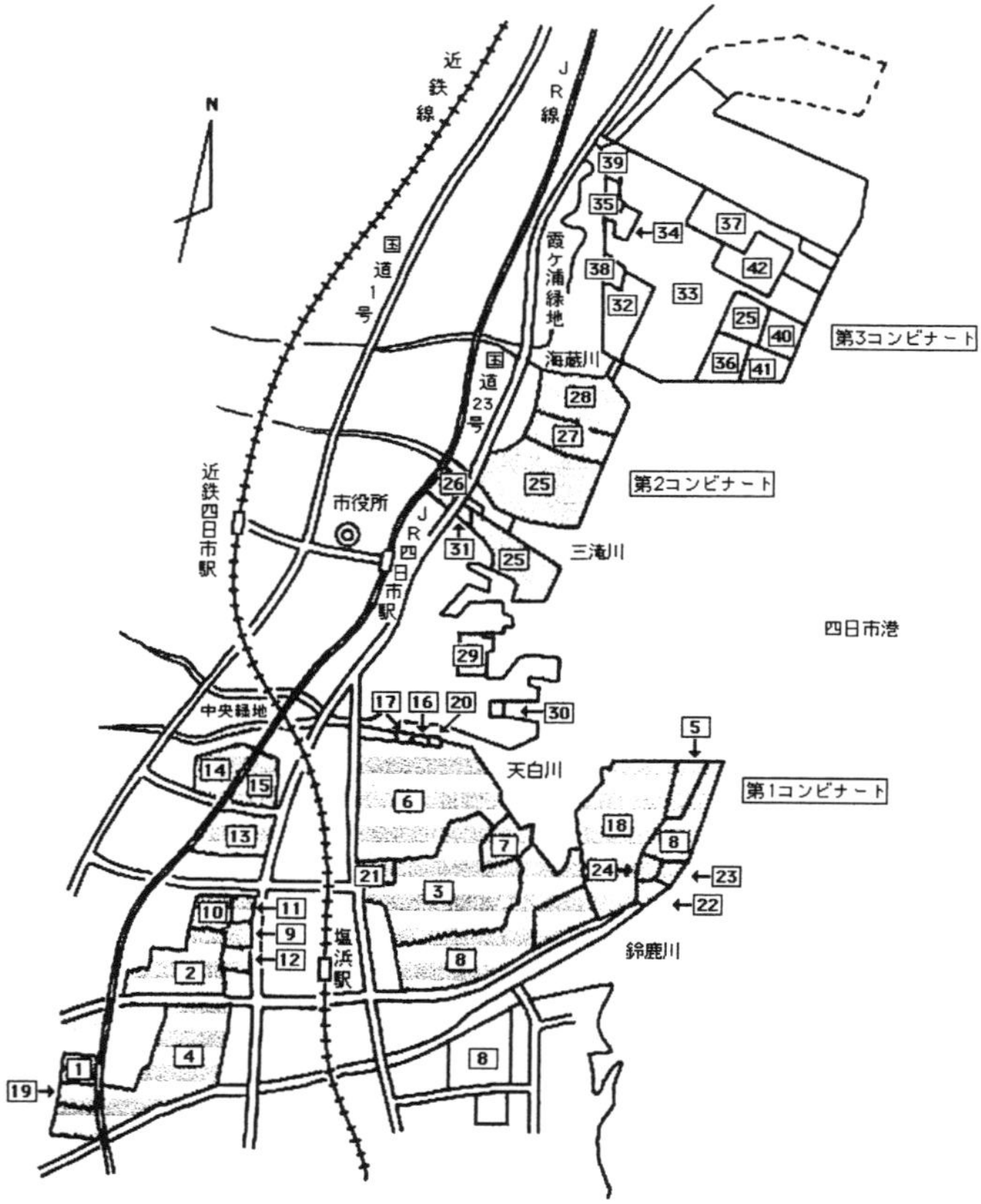

図２　四日市コンビナート地図

（注）　1 日本エタノール　2 JSR　3 三菱化学　4 三菱化学　5 三菱化学三田タンクヤード　6 三菱化学　7 コスモ石油　8 昭和四日市石油　9 三菱化学BASF　10 大陽東洋酸素　11 四日市合成　12 東邦化学工業　13 味の素　14 三菱ガス化学　15 松下電工　16 日本トランスシティ　17 三菱商事貯蔵所　18 石原産業　19 ライオン・アクゾ　20 中部海運　21 四日市合成　22 日本アエロジル　23 ジェムコ　24 高純度シリコン　25 コスモ石油　26 コスモ石油第１陸上出荷場　27 協和油化　28 中部電力四日市火力発電所　29 日本板硝子　30 第一工業製薬　31 昭和炭酸　32 協和油化　33 東ソー　34 日曹油化工業　35 四日市オキシトン　36 四日市エルピージー基地　37 大日本インキ化学工業　38 上野製薬　39 霞協同事業　40 中部電力四日市LNGセンター　41 東邦ガス　42 BASFジャパン

（阿部光宏「四日市公害——戦後から現在へ」2006年３月より）

三菱重工・日本興油・三菱石油などと誘致協定を結び、それぞれ操業を開始していく。これはすなわち、朝鮮戦争をきっかけとする日本産業の復興過程がいよいよ本格化していく姿を示すものであった。この時期には重化学工業の復興、再出発が全国的に始まっていたのである。朝鮮における生産拠点を失ったチッソが石油化学への転換を図ってアセトアルデヒド工場を熊本県水俣に新設するのもこの時期のことである。三重県四日市市については、五五年閣議で旧第二海軍燃料廠跡地を昭和石油に払い下げ、三菱・シェルグループの石油コンビナートと連携させることが決定され、五八年以降昭和四日市石油の操業開始、コンビナートの本格稼動へと続いていく。群馬県における東邦亜鉛安中製錬所の再開、新設が問題とされるのはこれらよりも少し早かったが、これもこうした動きの一環であった。

こうした巨大な重化学工業の工場等は、先に見た地方自治体の公害取締規則等もない地域に立地することが多く、しかも国はなんらの規制法規も有していなかった。大量生産と高収益のみを念頭に置いた工場の設計、操業が急速な勢いで進み、大量の汚染物質が遠慮なく大気中や河川あるいは海等になんの除害措置も施すことなく廃棄されていくこととなった。五六年の『経済白書』は「もはや戦後ではない」と述べたが、そこに示されているこうした重化学工業の本格的復興と再出発は、まさしく戦後における公害問題の本格的展開の始まりを示すものでもあった。

産業優先への傾斜

水産庁がまとめたところによると、水質汚濁による全国の漁業被害事例は一九五一年まで毎年約三〇〇件程度であったものが、五五年から五八年ごろにかけて急増し、年七〇〇〜八〇〇件に達した。

汚濁物質を排出する工場・事業場としてはでんぷん製造業、紙・パルプ製造業、化学工業、食品製造業などが多かったという。こうした中、五八年には東京都を流れる江戸川に排水を流し込んでいた本州製紙江戸川工場に漁協組合員が大挙して乱入するという事件が発生した。政府は急遽「公共用水域の水質の保全に関する法律」（水質保全法）と「工場排水等の規制に関する法律」（工場排水規制法）を制定（水質二法）、問題に対処しようとした。この二つの法律は、我が国における最初の公害規制法として知られることとなるが、「産業の相互協和」がうたわれ、やむをえない汚濁による損害を補償にゆだねるという解決方法が目指された。また、指定水域を定め、そこにおける水質基準を定めて、企業に対する規制の実をあげようというものであったが、都の公害防止条例よりも大きく後退し、ザル法だという批判も強かった。

一方、少し遅れるが、一九六二年には「ばい煙の排出の規制等に関する法律」も制定される。これもまた産業の復興過程の中で大きな問題となっていたばい煙による大気汚染問題に国として対処するものであったが、産業活動と生活環境、また諸産業間の調和を図ることを目的に、指定地域を定め、ばい煙の規制、特定有害物質の指定、和解の仲介、助成を図っていこうというものであった。ここでも、先行する地方自治体の規制等よりもはるかに産業活動に対する配慮が優先し、汚染の除去、被害者の健康回復、適正な補償といった本質的な解決を期待することは、まずできないものであった。しかも、この時期以降急速に進行する石油燃料化への対応にも不十分さを多分に有していた。企業の産業活動に対する国の手厚い保護姿勢は、このようにして公害問題の大量発生を本質的に規制することなく、むしろ容認する体制をつくりあげていったのである。

国土総合計画

ところで、戦後復興期においては、戦争による国土の荒廃を回復し、相次ぐ水害等にも対処し、農業水利を確保し、しかも復興に必要なエネルギーとしての電源開発をも目指すものとして国土総合計画が推進され、全国の山岳地帯、河川流域等に巨大なダム築造が計画され、それに伴う道路等の整備ともあいまってそうした地域の自然の景観を変えていったことも見ておかねばならない。すなわち、一九五〇年国土総合開発法が制定され、五二年には改正されて具体化されていくこととなる。この法律自体は、ダム開発に限られるものではなかったが、アメリカのTVAに範をとっているように、実際にはそうしたことに大きな力を発揮したものである。静岡県の天竜川に築かれた佐久間ダム（五六年）や富山県の黒部川に架けた黒部第四ダム（六一年）等が、そうした事業のシンボルとなっていく。ここでも、ダムが水没する地域に住む人々の生活を一変し、また上流・下流の地域自然環境に大きな変動をもたらした。もちろん、その問題点への対処の重要性は当初から指摘されていたが、未来への希望を語る中で、水没する住民の苦衷も、自然環境の変貌による深刻な事態をも見逃す人々は多かった。こうした中、五八～六〇年熊本県筑後川上流における下筌・松原ダムの建設をめぐって、それは公共性の名目において電力会社のみを利する工事ではないかと訴え、徹底的に抵抗した室原知幸の行動は、社会に大きな問題提起をするものであった。

佐久間ダム竣工記念切手
（財団法人日本ダム協会ホームページより）

（2）拡大する汚染、激化する被害——石油とコンビナートの時代

高度経済成長と国の姿勢

一九五〇年代後半から六〇年代は、いわゆる高度経済成長期であるが、国は、いよいよ本格化する公害問題に対して生産力の拡大を重視し、企業の責任を回避させるという基本姿勢を明瞭にしていく。この時期には、石炭から石油中心へのエネルギー革命が進行し、臨海コンビナートに象徴される産業規模の巨大化、都市の一大膨張などが見られ、また新幹線や高速道路など社会基盤の整備が進んでいったのであるが、国のこうした姿勢の下、公害による被害は質的にも量的にも、より多面的かつ広範に展開し、各地域、各方面に蓄積していくこととなった。戦後復興期にその起点を有する公害病患者が日本の各地に広く出現し（ただしイタイイタイ病は大正期にまでさかのぼると見られている）、さらに増加していくのも、まさにこの時期のことであった。

四大公害問題の発生

一九五三年、熊本県水俣市郊外の漁村などで猫が狂ったように踊る現象があり、さらに人にも手足が不自由で、言語がすらすら言えない、耳が聞こえない、視野が狭まるなどといった四重苦の症状を訴える患者が発生していた。五六年には、公式にその患者の発生が確認された。のちにチッソ水俣工場で触媒として使われる無機水銀が有機水銀へと変わって排水中に流され、魚貝類等の体内に蓄積さ

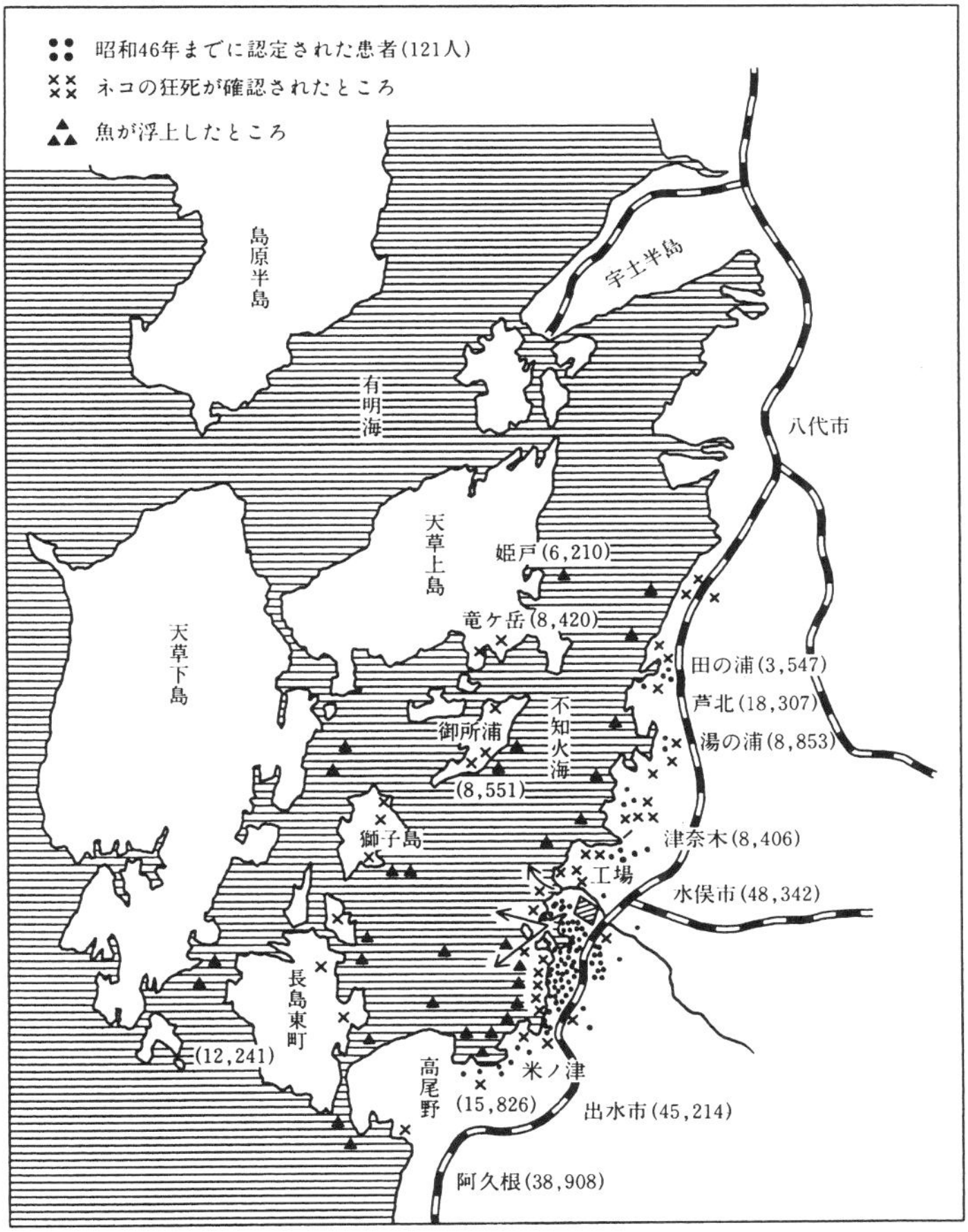

＊（　）内は昭和35年の人口

図３　水俣病関係地図

(原田正純『水俣が映す世界』日本評論社，1989年，45頁より)

れて、それを食することによって引き起こされた中毒症状であることが確認された、いわゆる水俣病である。

水俣病の原因については、熊本大学の研究、チッソ付属病院長細川一博士の研究などで五七年から五八年にかけてチッソの工場からの廃液であることがほぼ確定的に疑われるようになっていた。こうした中、チッソはその廃液を水俣湾に注ぐ百間川から不知火海に注ぐ水俣川に直接放流するように変更したため、一挙に患者発生地域を不知火海全域に広げ、患者数も増大させていったのである。五九年にはチッソの調査拒否などの困難を乗り越え、有機水銀が原因物質であることが科学的に突き止められた（無機水銀が有機水銀に変わることの証明は六三年）。これに対しチッソは旧軍隊の捨てた爆薬説を持ち出し、一部、大学教授もそれを主張するといった、責任回避の対応に躍起となるのである。

チッソは、患者が正式に発見されてからも、一九六〇年一部循環方式をとるまで、排水についてはその無害化のためになんら手を打たなかった（五九年のサイクレーター設置は全くの欺瞞にすぎない）。一方、五九年には患者家族互助会が寺本熊本県知事の斡旋で形ばかりの見舞金契約に調印させられ、以後の補償も封じられる。しかも、患者認定を行政的なものに変え、認定患者の数を抑える方向に転じていく。チッソの背後には国＝通産省や学界の権威という人々が控え、その加害責任を回避させるうえでさまざまな策を講じていたのである。

熊本県で水俣病がこうして押さえ込まれていく中、一九六四年新潟市内の病院で同じ症状の患者の存在が明らかとなる。昭和電工鹿瀬《かのせ》工場の廃液に含まれていた水銀が阿賀野川流域に流れ、それが原因となって起きた新潟水俣病の発症である。ここでも猫が狂い踊るなど、熊本県で起きたのと現象的には同じ経過が先行して存在していた。熊本県の事例を真剣に検討しておれば同じアセトアルデヒドを生産し、その触媒に水銀を使用していた昭和電工において、同じ轍を踏むことを避けることは可能であったと考えられている。しかし、新潟県での患者発生に対しては熊本県での状況と異なり、新潟大学をはじめ、地元の住民、民主団体、県当局などは、熊本大学やチッソを退職していた細川博士の協力も得て積極的で一致した対応を行なった。六六年には原因は工場廃水の疑いが強いとの中間報告が行なわれ、さらに同年厚生省特別研究班が水ゴケから検出したメチル水銀によって昭和電工鹿瀬工場を特定する。六七年には患者家族一三名が昭和電工を相手に慰謝料請求の訴訟を起こした。

岐阜県に立地する三井金属鉱業神岡鉱業所から神通川に流出したカドミウムによって富山県にある下流の水田が汚染され、そこから収穫された米を多年にわたって食した結果多くの経妊産婦などに生じたイタイイタイ病の原因が、地元の医師萩野昇を中心に吉岡金市・小林純らの協力によって特定されたのは、一九六〇年から六一年にかけてのことであった。神岡鉱業所は明治以来長年にわたって操業を続けてきた鉛・亜鉛を中心とする鉱山であったが、戦後も朝鮮戦争特需と亜鉛鉄板需要の急増、さらに六〇年代以降は増大する自動車用蓄電池の原料需要などによって、従業員数を減少させながらも生産技術の革新を重ね、順調に生産高の増大と利益の拡大をはかってきたものである。この鉱山もまた、戦前から何度も鉱煙毒の被害が関係住民から批判されてきた。富山県は、六一年萩野らのカドミウム説を受け富山県地方特殊疾病対策委員会を発足させたが、そこに萩野らを加えなかった。また六三年には厚生省が医療研究イタイイタイ病研究委員会を、文部省が機関研究イタイイタイ病研究班を発足させたが、萩野・小林を加えたのは厚生省の研究会のみであった。住民は、六六年イタイイタイ病対策協議会を結成する。

三重県四日市市では、臨海コンビナートの急速な拡張とともに、六〇年前後のころには早くも異臭魚問題、ぜん息の集団発生が見られ始めた。六三年には塩浜地区の公害検診で受診者の八割が症状を訴え、磯津の漁民が中部電力三重火力発電所の排水口封鎖を行なうという実力行動も見られた。三重県立大学（現三重大学）医学部公衆衛生学教室の吉田克己教授は、四日市ぜん息は大気中の亜硫酸ガス（SO_2）濃度と密接な関係のあることを発表して警告を発した。公害患者の数も増える一方で、多くの市民が公害に怒りをぶつけ始めていた。しかし、企業は「これぐらいの量は仕方ないのではないか」「公害問題は一企業だけの責任ではない。石油工場からガスが出たり、煙が出るのは誘致する前から分かっていることだ」といった姿勢で、対策をとらず、生産を増強していった。市は当初、ばい煙防止法の制定とそれに基づく地域指定実現への期待を語っていたが、指定に漏れると法規の不在を根拠に企業に対する規制を加えようとはしなかった。ここでも、企業活動への配慮が優先され、住民の健康さえ後回しにする行政の姿勢が問題の解決を妨げ、被害の拡大、蔓延をもたらしていたのである。こうした中の六七年、激甚な被害に苦しむ磯津地区の公害病認定患者九人が、塩浜地区コンビナートの六社を相手取って賠償を要求する裁判を起こした。

公害を無視した生産力拡大信仰

一九五〇年代の終わりごろから六〇年代という時期は、まさしく生産力優先の思想があらゆる場面で猛威を振るっていたと言ってよい。生産力の拡大を求める中から生じてきたさまざまな環境汚染、

水島コンビナート（1970年頃）
（岡山県提供）

健康障害、他産業への妨害等を無視し、それを批判する声をありとあらゆる方法を駆使して押さえ込んでいこうとする力が強くに存在していたのである。それは、行政の基本的な姿勢となっていただけでなく、社会のあらゆる場所、あらゆる人々の心を捉えていた。汚染者は、それを口実に汚染に対する対策をネグレクトし、結果として恐るべき状況を日々蓄積、拡大していった。この状況はまさに戦前以上であった。生産力拡大への期待は、国民総生産（ＧＮＰ）、都市人口、自動車保有台数、交通・通信等社会的生産基盤の整備など諸指標の上昇によってさらに増幅されていった。これらにつながるものとなれば、それが何であれ強く求められ、結果として日本社会の様相を大きく変えていったのである。

石炭から石油へのエネルギー転換は世界

に例を見ない速度で急激に進行した。石炭産業は見る見るうちに古びた産業として打ち捨てられ、労働者の大規模な解雇、炭塵の大爆発などの事故ともあいまって産炭地の衰退が進んだ。一方、太平洋ベルト地帯の臨海部を中心として石油コンビナートが見る見るうちに形成されていった。一九六二年には全国総合開発計画（全総）が策定され、旧来の四大工業地帯とは別に新産業都市一五ヵ所、工業整備特別地区六ヵ所が指定された。国の手厚い保護と地方自治体の協力の下、岡山県水島地区、茨城県鹿島地区などを典型とする巨大な工業地帯の形成がもくろまれたのである。白砂青松の海岸美を誇った日本の海岸はその多くがコンクリートの護岸に囲まれた人口海岸に姿を変えていった。大気や河川・海の汚染は全国至る所で深刻な問題を引き起こしていく。

当初、石油は扱いが簡単でしかもばい煙を発生させない優れた燃料として歓迎された。石炭燃焼によって工場のエネルギーとする方法は旧時代の方法として急速に衰退し、工場では電力使用の普及、そしてその電力を生産する方法としての独占的電力会社による石油火力発電所の建設が大都市近傍の臨海部を中心に急速に進められていった。発電施設は河川をせき止める大規模なダムの建設よりも火力重視の方向に向かっていく。ところが、石油燃焼は、たしかに目に見えるばい煙は減少させたが、石炭と同様亜硫酸ガス（SO_2）を大量に発生させ、それによる広範な大気汚染問題を引き起こしたのである。

食の安全問題と都市公害の進展

石油合成化学の発展によって有害な農薬や食品添加物の大量使用が進み、食の安全性が脅かされるようになったこともこの時代の特徴として押さえておかねばならない。今までは主として被害者の立場にいた農家は農業生産を通して環境破壊に関与し、また、不特定多数の国民もその消費生活を通して汚染被害を受けるという図式がここにできてきたのである。被害を受ける人たちは鉱山や工業地帯に住む人々に限定されなくなったということである。

一方、都市化の進展はこの時期すさまじいものがあった。農山漁村を離れ、都会に出て生活の道を求める人々は日本全国で後を絶たず、各地で過疎地域を生み出しながら大都市の急膨張が続いた。都市に暮らすようになった人々は、職場からも、都心からも遠く離れ、少し前まで農地や山地あるいは荒地・湿地だったところに無秩序に「開発」された宅地に狭い建売のマイホームを求め、毎日長時間の通勤に耐え、その生活を豊かにするものとしてテレビ・洗濯機・掃除機などの家庭電化製品を購入し、また食品・雑貨など毎日の生活必需品の購入には規格化された商品を小分けにして販売するスーパーマーケットなどの小売店が欠かせなくなった。こうして都市住民は不可避的に毎日多くのごみを吐き出していくこととなったのである。いわゆる大量消費、大量廃棄の時代の始まりである。人口も急激に増加したが、それよりも排出するごみの量ははるかに速いスピードで増加し始めた。ごみの処分場はたちまち不足し始めたのである。

考えてみれば、これらのことは、消費生活の過程から生じる環境の破壊を防ぐ社会的システムの形成が法規や生活マナー等を含んだあらゆる方面で求められる時代になったことを示していた。もちろん、生産場面においても単にその過程から排出する汚染物質を除去するという問題だけでなく、生産品そのもののあり方について環境保護の観点から検討の徹底が求められる時代になったことをも示していた。しかし、いずれの面においても、この時期においては、問題の本質はまだ十分に認識されていなかった。たとえば東京都で問題となったように、増大し始めた廃棄物に対処するためのごみ焼却場の建設が行政と住民、住民と住民の対決を生み出しても、あるいは、東京湾や大阪湾に廃棄物投棄による人工島造成などが進められても、結局のところ認識の中心は処分場の確保をめぐる問題に終始していたのである。

この時期、都市においては、旺盛な経済活動を支えるものとして自動車の増大、それを支える道路の拡幅・新設あるいは高架の自動車専用道路建設が求められたことも見ておかねばならない。路面電車は交通の妨害になるとして次々撤去され、地下鉄の建設が進んだ。しかし、道路の渋滞は慢性化し、交通事故は毎年うなぎのぼりに増えていった。高架の歩行者横断道路があちこちに建設されていったが、問題は少しも解決への展望を見せなかった。こうした中で自動車の排気ガス、騒音問題がようやく深刻になってきたのである。しかし、排気ガスを取り締まる法規は何もなかったし、それを問題にすることは、製造業者においても、行政においてもまだ存在していなかった。都心も郊外も大改造が進み、人間の方でそうした環境の変化に対応することが日々求められていたのである。

三島・沼津・清水のコンビナート反対運動

しかし、一九六〇年代はこうした環境の悪化に対し、それを問題とする近代的な人権意識、市民意識を持った人々が広範に成立してきた時代でもあった。

六三年静岡県は三島市・沼津市・清水町の合併と、石油化学コンビナートの建設計画を発表する。

進出企業は富士石油・住友化学・東京電力の三社で敷地面積合計一三六万平方メートル、六四年建設に着手、六五年より生産開始という計画である。当初合併がコンビナート建設の手段であるという説明を受けていなかった三島市や多くの住民等は県のやり方に強く反発し、コンビナート建設計画に反対するため石油コンビナート対策市民懇談会を結成、学習会なども開き始めていく。清水町でも翌年早々から清水町コンビナート進出対策研究会が発足し、さらに二市一町の住民は四日市コンビナート公害の実態を視察するためバス二台で四日市市を訪問する。二市一町のコンビナート反対運動は急速に大きく盛り上がり、関連土地の所有農民たち、魚仲買商協同組合、漁業協同組合なども反対の姿勢を確立する。清水町では計画をめぐって町長が辞任し、町長選挙が行なわれるが、誘致推進を目指す県の介入もあって町政は大きく混乱する。町議会は誘致反対を決議した。六四年には、県の要請を受けた国の公害調査団（黒川調査団）と、それに対抗して地元からの依頼で成立した国立遺伝学研究所松村清二博士を中心とする調査団（松村調査団、地元高校教師などが実践的に支えた）がそれぞれ公害の有無をめぐって調査し激しく対決した。国の公害調査団は、住民の公害問題に対する認識の不足、自治体不信が開発を遅らせているという視点に立って大規模な調査を実施したが、住民の質問にしばしば解答できず、科学対決は住民側の優勢に終わった。市民たちは毎晩遅くまで学習を重ね、四日市・水島・千葉・鹿島などの現地見学とあいまって公害についての知識を身につけていった。同年九月一三日には二市一町の住民約二万五〇〇〇人が参加した「石油コンビナート進出反対沼津市総決起大会」が開かれた。沼津市長は通産省に進出計画の取りやめを要望し、続いて静岡県も計画の見送りを認め、進出予定企業も進出を断念する。こうして、国・県・有力企業が一体となって推進したコンビナート建設計画が、地元住民の大きな運動によって阻まれたのである。全国各地で激化する公害被害を目のあたりにした住民が知識を身につけ、アセスメントにも自ら取り組み、政府調査のずさんさをはっきり突き破ったというのも画期的であった。政府は、大きな衝撃を受け、「公害対策法を制定して合理的な工業立地を実現する」との声明を発表する。

公害対策基本法の成立

一九六五年一〇月厚生省所管の公害審議会（会長和達清夫）が発足し、翌年八月にはその中間報告が取りまとめられ、公害の概念、産業の発展との調和の問題、公害の責任、費用負担の方式、環境基準の制定などが論議の中心となることを示した。一〇月には基本施策についての答申が厚生大臣に提出され、直ちに閣議に報告された。厚生省は、この答申を基礎として公害基本法案試案要綱を作成公表し、一一月末総理府において法案取りまとめの作業に入った。六七年二月には公害対策基本法政府試案要綱がまとめられ、五月政府提出法案として閣議決定、国会に提出されたのである。

この審議の過程において、当初明記されていた「国民の健康と福祉の保持が事業活動その他経済活動における利益の追求に優先する」という文字が通産省・経済企画庁などの強い主張で消滅し、経済の発展との調和をはかるという趣旨の文が挿入された。また、「人の健康を保護し生活環境を保全するために保持すべき基準」という言葉が、「人の健康を保護し、生活環境を保全するうえで維持されることが望ましい基準」という言葉に変更された。費用負担については、別に法律でその内容等を決定することともされた。

公害対策基本法案は国民的に大きく問題とされるという状況下ではなく、その制定を推進しようとする厚生省と、他の省庁の駆け引き、すなわち国の諸機関に存在する企業の利益を優先させようという強い意志との対立の中で作成されたことを見ておかねばならない。公害対策基本法は、六七年の七月に成立した。

（3）　公害問題の一大社会問題化

国民的環境意識の確立

一九六〇年代末から七〇年代初頭、限度を超えた公害被害の進展、住民意識の高揚などによって公害問題は爆発的な展開を見せる。この時期、公害問題は政治・経済・文化など社会のありとあらゆる方面にそのありようをめぐって大きなインパクトを与え、その対応において歴史的な変化を遂げる。経済優先から環境重視へと社会の論調が転換し、環境権という言葉も生まれた。一方、社会の変革要素として「住民」・「住民運動」という概念が注目される。また、全国的な環境汚染の状況などが数字で示され、国民に公開、監視されるようにもなった。

今、試みに、それらの報告書のうち最も根本的な『環境白書』を見ると、一九六五年から六八年にかけて二酸化硫黄（SO_2）の全国年平均値は六九年制定の環境基準の三倍にあたる〇・〇六ｐｐｍ近くを記録していた。もちろん、川崎市・大阪市・東京都など大気汚染の激しい地域では〇・一二ｐｐｍをこえるという、信じられないような高い数字を記録する地域も現れていたのである。浮遊粒子状物質の濃度も全国平均で〇・三ｐｐｍ前後という高い数字を示していた。六〇年代末から七〇年代初頭のころというのは、こうした汚染の激化を前に、被害を受ける国民の中に公害に対する意識の変化が急速に生じ始めた時期であったということである。

高度経済成長期以降被害を受ける人々の範囲が大きく広がるとともに、戦後民主主義の定着とあいまって人間尊重と権利の意識が向上していたところから、被害者は、相互に手を携え、企業の横暴と行政の無策を糾弾し、現在および将来の健康的な生活環境の実現を求め、さらに生産力の向上という錦の御旗に対する疑いも持ち始めていた。先に述べた一九六三〜六四年三島・沼津・清水の二市一町におけるコンビナート建設反対運動はその先駆であった。また、六七年六月には新潟水俣病で、同年九月には四日市公害で、六八年三月には富山県イタイイタイ病で、そして六九年六月には熊本県の水俣病でそれぞれ被害者が裁判を提訴していた。これらの提訴はのちに四大公害裁判と呼ばれる。

裁判はもちろん被害者の怒りを反映するものでもあったが、裁判によって自らの生きる権利を訴え始めた被害者の公害に対する意識の向上を示すものでもあり、また、それらが多くの市民や弁護士、あるいはジャーナリズムなどの支援も受けていたように、市民の連帯の形成を示すものでもあった。公害の被害者たちは、この時期以降、さまざまな問題、さまざまな地域で企業の責任を問い、それを法廷に持ち出して争うことも辞さなくなっていたのである。六九年二月には食品公害の典型とも言うべきカネミ油症をめぐって福岡市在住患者がカネミ倉庫および鐘淵化学工業を相手に訴訟を提起した。六九年一二月には大阪国際空港の騒音被害を訴えて兵庫県川西市住民が夜間飛行の差止など第一次訴訟を提起、第二次訴訟（川西市住民）、第三次訴訟（大阪府豊中市住民）へと続いていく。七二年九月に

石牟礼道子『苦海浄土――わが水俣病』表紙
（講談社，1969年）

は阪神高速大阪西宮線建設禁止の仮処分申請が沿線住民から提出された。

新聞・テレビなど社会に大きな影響力を持つマスコミが公害問題に注目し、連日のごとく事実を報道し、その防止を求めてさまざまな記事を掲載するようになったことも、国民の意識を変えるとともに、被害住民たちを大きく励ました。たとえば、六八年マスコミは、厚生省がイタイイタイ病の原因物質として三井金属神岡鉱業所の排出したカドミウムであると特定したことを報じ、さらに、群馬県の東邦亜鉛安中製錬所でもカドミウム製錬が行なわれていること、ここにもイタイイタイ病の危険が心配されると報道したことは、安中製錬所の超高圧送電線建設をめぐって会社側と熾烈な争いを繰り返していた住民にとって大きな力となり、のちに民事裁判を提訴する力にもなったと言われている。ただし、この地区の米作はカドミウム汚染のため、生産禁止が命じられるということにもなった。

七〇年七月には東京都で光化学スモッグによる被害の発生が大きく報じられ、都市住民にショックを与えた。また、七〇年八月には、静岡県田子の浦における製紙工場からの廃液によるヘドロ汚染が新聞等に大きく取りあげられた。身近に汚染を体験していない多くの国民にとっても、マスコミの報道等は公害問題の深刻な現状を知る手がかりとなり、それへの対処を現在および将来のため必要不可欠な問題として考え始めるようになったのである。住民運動のあり方や意義などを含めて公害問題をテーマとする書籍や雑誌も次々と刊行され、環境問題の解決を考え、また求める多くの人々の検討課題とされていった。水俣病を取りあげた石牟礼道子の『苦海浄土――わが水俣病』が刊行されるのは六九年一月のことである。また、七〇年三月には東京で世界的に著名な学者を集めた公害問題国際シンポジウムが開かれ、日本の公害問題が世界中に広く知られることともなった。

四大公害裁判の判決と公害対策基本法の改正

こうした状況の中、先にあげた四大公害裁判も、すべて原告側の勝訴に終わる。すなわち、一九七一年六月にはイタイイタイ病の裁判が富山地裁で判決、七二年八月には控訴審で判決が確定する。七一年九月には新潟水俣病の地裁判決があり、そのまま確定。七二年七月には津地裁四日市支部で四日市公害の判決、そして、七三年三月には水俣病の熊本地裁判決と続いた。ようやく加害企業に対する法的な断罪がなされたと言ってよい。裁判を通して加害企業の責任が明らかにされ、被害者への補償、公害防止への注意と防止措置の義務づけが社会的な意思としても定着していく。

この間公害問題に対する国の対応も根本的に問い直されていった。七〇年一一月開かれた臨時国会は公害対策基本法改正案をはじめ、政府から提出された一四法案すべてが公害対策に関するもので、公害国会と呼ばれることとなった。この審議を通し、公害対策基本法では経済との調和条項が削除され、自然環境保護の項目が付け加えられた。公害対策は、経済発展との調和において実施するという、これまで公害対策の徹底を縛ってきた考えがようやく否定され、環境の保護、健康の維持という観点に立った行政課題としてそれ自身自立していくこととなったのである。これ以後、国の公害対策法規は公害対策基本法を頂点とし、個別問題に対応する諸法規によって整備されていく。また、翌七一年七月には環境庁が発足した。

公害病患者への補償措置

公害病患者に対する補償措置が法的に整備されていったことも重要である。すでに一九六五年、四日市市では公害病患者に対する医療費を全額市費負担とする制度をつくり、公害病審査会を発足させていた。六九年一二月には国会で「公害に係る健康被害の救済に関する特別措置法」（救済法）が可決、翌年二月から施行されることとなった。これは、事業活動その他の人の活動に伴って相当範囲にわたる著しい大気の汚染または水質の汚濁が生じたため、その影響による疾病が多発した場合において、当該疾病にかかった者に対し医療費・医療手当および介護手当の支給措置を講ずることによりその者の健康被害の救済を図ることを目的とするもので、横浜市鶴見区の一部、大阪市西淀川区、四日市市の一部など、政令で地域を指定し実施するものであった。ただ、この法律は給付内容に限定があり、損害補償についての措置も不十分なものであった。

七二年七月における四日市公害裁判の判決は産業界に大きな衝撃を与え、産業界もまた被害者救済に関する新たな法律制定を訴えるようになった。七三年一〇月には新たに「公害健康被害の補償等に関する法律」（公健法または公害健康被害補償法）が制定される。この法律では、給付の八割は亜硫酸ガス（SO_2）を排出している事業者から排出量に応じて徴収する賦課金から、残り二割は自動車重量税からの引き当てでまかなうこととなった。汚染者全員の共同負担という考え方である。産業界は、被害者による裁判の提訴や、敗訴した場合の莫大な補償金の負担を恐れ、この法律によってそうした事態に陥るのを避けようとしたのである。

公健法では、慢性気管支炎等の非特異的疾患に係る地域（第一種地域）と水俣病・イタイイタイ病・慢性ヒ素中毒症という特異的疾患に係る地域（第二種地域）の二種類の地域指定を行なうこととなっていた。第一種地域の指定地域は当初一二地域であったが、次第に拡大されて七八年には四一地域となり、八一年六月末には八万五七一人の患者が認定され、補償給付の総額も一時期には年間一〇〇〇億円を超えた。また、第二種地域としては五地域が指定された。全国の公害被害地では、患者等が中心となって自治体に対し地域指定を申請するよう強く働きかけたところも多かった。つまり、この法律は、患者の権利を実現させ、公害に反対する運動を強めていく役割も果たしたことを見ておかねばならない。

革新自治体の成立

この時期、東京都や大阪府などで革新自治体の成立があり、国よりも厳しい条例を制定し、公害規制を実現させていこうとする動きも強まった。一九六九年には東京都公害防止条例が制定され、また、横浜・川崎両市では、日本鋼管と公害防止協定を結び、各地の自治体がこののち多くの企業と同様な公害防止協定を結んでいく先鞭をつけた。革新自治体成立の背後には、加害企業を守り公害問題に断固たる姿勢を持とうとしない保守政治に対する広範な人々の批判が横たわっていた。七一年社会党・共産党推薦で大阪府知事に当選した黒田了一の選挙スローガンが「公害知事さんさようなら、憲法知事さんこんにちは」であったことは、何よりもよくこの時期の市民の気持ちを表していた。革新政党もまた、公害反対の住民意識を受け、各地の住民運動をその基盤として取り込んでいこうとしていたのである。ただし、このことは住民運動にもその基本課題のあり方をめぐって、その内外でさまざまな議論を生じさせていくこととなった。

3　地球環境問題の時代

(1)　公害・環境行政の進展と後退

環境庁の設置

一九七一年七月、環境庁が設置され、一元的な環境行政が目指されることとなった。国民はその活動に大きな期待を寄せた。

この年、事実上の初代環境庁長官大石武一は関係者の要望を聞き、日光国立公園に属する尾瀬を視察、建設中であった尾瀬自動車道路の中止を関係各方面に説得し、閣議了承を得る。尾瀬自動車道路の建設中止は、自然環境を生態系の保持という観点から保全する時代の到達を予感させるものでもあった。ちなみに、生態系の保持という思想は、早くは一九一〇年代初頭に和歌山県田辺に住んでいた植物学者で民俗学者でもあった南方熊楠が、国＝県の推進する神社合祀に反対する中でとなえたものであるが、ここにきて行政当局もまたそれをとなえることとなったのである。

七二年六月、政府は「各種公共事業に係る環境保全対策について」の閣議了承を行ない、各種公共事業の実施にあたっては事前に環境に及ぼす影響調査を実施し、その結果に基づき所要の措置を講じること、とする決定を行なう。いわゆるアセスメントの実施である。手始めに苫小牧東部大規模工業基地開発計画・むつ小川原総合開発計画などでこれが行なわれることとなった。七二年六月にはストックホルムで開かれた国連人間環境会議に大石環境庁長官を首席代表とする代表団を送ったことも大きな注目を受けた。長官はその演説で「より大きいGNPが人間幸福への努力の指標であると考え、これに最大の情熱を傾けてきましたが、この考えが誤りであることに気がつきました」と述べ、さらにこの会議の開催を記念して毎年六月五日からの一週間を世界環境週間と定めるよう提案し、六月五日の世界環境デー制定に結びつけた。大石長官はまた、水俣病の認定において「疑わしきは認定する」との方針を示し、幅広い患者救済を目指した。

各種規制基準の設定

公害対策基本法では、そこで規定された典型七公害（大気の汚染、水質の汚濁、土壌の汚染、騒音、振動、地盤の沈下および悪臭）のうち、大気汚染、水質汚濁、土壌汚染、騒音について「環境基準」を定め、深刻化する公害防止のため汚染の絶対量の減少を実現する行政上の目標を掲げることとなっていた。大気汚染については、六九年二月硫黄酸化物の濃度が定められ、ついで一酸化炭素（七〇年二月）、浮遊粒子状物質（七二年一月）、二酸化窒素（七三年五月）、光化学オキシダント（同上）の濃度が定められていく。水質汚濁、騒音についても七〇年四月から七五年七月にかけていくつかの基準がそれぞれ制定された。

公害対策基本法では、また、各種の規制法に基づき、汚染の原因物質と排出基準を定め、排出者に対し排出基準以上の汚染物質の排出を規制することともされていた。と同時に、汚染物質の総量に基準を設ける総量規制が実施されることともなった。環境庁設置後の対策の重点は、大気汚染についてはは硫黄酸化物対策、自動車排出ガス対策、窒素酸化物対策、水質汚染についてはＰＣＢ・水銀汚染対策、瀬戸内海環境保全対策に置かれた。

硫黄酸化物対策は、四日市公害訴訟でも認識されたように最も急を要する措置として、六八年度の第一次から七六年度の第八次規制まで毎年段階的に規制値を改定強化していった。高濃度汚染地域における新設施設に対する特別排出基準適用地域も二八地域に拡大していく。七四年には大気汚染防止法を改正し、総量規制方式を導入、対象地域として七六年の第三次指定まで合計二四地域を指定した。この間、燃料の低硫黄化を進め、また処理技術も改善していく。その結果、硫黄酸化物による大気汚染は七六年にはほぼ環境基準を満たすまで低下した。

自動車排出ガス対策については、七〇年米国市場から日本車を締め出すことを狙ったと言われるマスキー法（軽車両からの窒素酸化物・炭化水素および一酸化炭素の排出量を一〇分の一以下にする）の規制があり、また、光化学スモッグ汚染の深刻化もあって対策が急がれた。幸い自動車メーカーの技術的な対策が功を奏したこともあり、七二年一〇月には中央公害対策審議会からの答申を得て、ガソリン乗用車とＬＰＧ（液化石油ガス）乗用車について、一酸化炭素と炭化水素は七五年度、窒素酸化物については七六年度（ただし決定は七八年度）を目途としてマスキー法と同程度の規制を実施することとした。七九年度からはトラック・バス等についても段階的な規制を実施していく。ちなみに、この結果日本車を技術的に不可能な基準を設定することによって市場から締め出そうとした米国の思惑とは逆に、北米地域における日本製小型乗用車の販売力は格段に増加したとも言われている。こうした中、米国はマスキー法の制定を中止する。

窒素酸化物の規制も進められる。まず、工場などの固定発生源対策としては、七三年八月排出基準を定め、七九年八月の第四次規制まで基準値の強化、対象施設・規模・種類の拡大を図り、総数の七割以上を規制対象とすることとなった。八一年六月からは東京・神奈川・大阪の三地域で総量規制が実施される。しかし、窒素酸化物の発生は増え続ける自動車、中でもディーゼル車の増加によってほとんど改善することなく、環境基準の倍近い数字付近をさまよい、逆に増加の傾向さえ見せていた。環境庁はこうした中、一九七八年七月、二酸化窒素の環境基準をそれまでの一時間値の一日平均値を〇・〇二ｐｐｍから〇・〇四〜〇・〇六ｐｐｍのゾーン内またはそれ以下というものに緩和する。こうしてほぼ環境基準を満たしたことにしたわけであるが、これは、当然のごとくさまざまな自治体・住民団体等から多くの批判を受けることとなった。

公害行政の後退と新たな住民運動

環境行政は、産業界の利益に配慮するという傾向を再び示し始める。いわゆる環境行政の後退という状況がこのころから問題とされるのである。一九八三年には経団連が公害被害者に対する補償制度（公健法）の見直しを要求したことを受け八七年に公健法が一部改正され、環境庁は八八年、新たな公害患者は出ていないとしてついに地域指定を取り消し、新たな公害病患者の認定を打ち切った。七〇年代後半には水俣病患者の認定基準改悪を進め、その適用範囲を狭めていく動きが明瞭になっていく

西淀川公害患者と家族の会の運動
（あおぞら財団附属西淀川・公害と環境資料館所蔵）

ことも重要である。大阪空港騒音公害訴訟に対しては、七五年控訴審判決が出て原告住民の主張が賠償・差止両面で完全に認められたが、八一年最高裁判決では全く覆された。司法もまた、行政の後退という流れから自由ではありえなかった。

　産業界にはあいかわらず公害対策の費用を企業にとってマイナスの存在と考えるところも多かった。そうした企業の中には、この時期以降急速に進む工場の海外立地の中で、アジア地域等国民の権利がまだ十分に確立していない地域において、かつて日本において行なったのと同じ公害たれ流しを平然と行なう企業も出てくる。いわゆる公害輸出である。

　国政選挙などで自民党の勢力が盛り返し、反対に住民運動の力が弱くなっていたことも公害行政の後退をもたらした背景にあったと言える。企業も行政も住民運動からの直接的な圧力が弱まるのを見計らいながら、対策の手抜きを探っていたのだろうか。公害問題や環境問題の解決を期待する人々からは、この状況に対して強い危惧の念が繰り返し示されるようになってくる。こうした中、七五年千葉で川崎製鉄を相手取った大気汚染差止の訴訟が提訴される。七六年八月には神戸・芦屋・西宮・尼崎四市の国道四三号沿線の住民一五二名が国と阪神高速道路公団を相手取り、騒音と二酸化窒素の排出差止、総額三億三〇〇〇万円の損害賠償を求める裁判を神戸地裁に提訴した（原告団長森島千代子）。

また、大阪市西淀川区の公害患者らは七二年一〇月西淀川公害患者と家族の会を結成していたが、七八年四月阪神地区に立地する複数の企業と国および阪神高速道路公団を相手取って環境基準を超える大気汚染物質の排出差止と損害賠償を求める裁判を大阪地裁に提訴する（原告団長森脇君雄。原告数は九二年の第四次訴訟まで合計七二六人）。公害行政の後退という状況の中で改めて国・企業等の責任を問うこれらの被害者住民の運動は社会から大きな注目を受けることとなった。少し時期は遅れるが、八二年三月には川崎で、八八年には尼崎でもこうした動きが起こされる。

（2）新しい質の環境問題

自動車排出ガス問題

環境庁の主導した環境対策は、工場・事業場などの生産に伴う、いわゆる産業公害については一定の成果をあげたと言ってよいだろう。それは産業界の声に遠慮しながらのものではあったが、環境汚染を不可とする国民的な世論と、生産企業の私的利益優先を押さえ込む法令の整備に支えられて実現したものであった。しかし、一九七〇年代後半以降はその背後で従来の産業公害の型とは違う新しい型の環境・公害問題がいよいよ大きくその姿を現し始めていたことに注目しておかねばならない。

その第一は、自動車排気ガスによる環境の悪化である。六五年日本の自動車保有台数は六九八万台だったのが、七〇年には一七八二万台、七五年には二八一三万台と急増し続け、九三年にはついに六三二六万台という数字を示すに至っている。この間自動車専用の高速道路は、日本中網の目のように広がり、しかも、名神・東名、あるいは首都高速道路や阪神高速道路のように、増える車に対応しきれず慢性的な渋滞に悩まされる高速道路もあちこちに見られるようになってきた。現在では、日本の石油消費の三分の一は自動車用が占めるまでになっている。また、そのうちガソリンではなく、軽油を燃料として使用するディーゼル車の増加も著しい。自動車は、走行時の騒音・振動・排出ガスおよび浮遊粒子状物質で道路周辺地域の人々の暮らしと健康を脅かし、そのうえ、特に高架道路などでは周辺景観の破壊ももたらした。道路建設にあたって歴史的遺跡や遺物あるいは歴史的景観の破壊が進んだことも指摘しておかねばならない。

自動車による公害が従来の産業活動による環境破壊と違うところは、事業場から生産に伴って排出される廃棄物によってその周辺環境が汚染されるというのではなく、その走行すなわち多数の不特定ユーザーによる製品（車）の使用によって汚染が引き起こされ、しかもその汚染される地域が広いという点にある。こうした問題はその始まりをたどれば、すでに戦前、自動車排出の一酸化炭素が問題とされた時期にまでさかのぼることができる。戦後もまた、一九五〇年代後半から始まる高度成長の開始期にまでさかのぼって検討しなければならない。しかし、七〇年代後半以降はこの状況がいよいよ抜き差しならない深刻な様相を呈し、本格的な対策が求められるようになってきたところにその特徴があったと言ってよいだろう。自動車メーカーには、生産の場における環境汚染を防ぐだけでなく、自己が生産する自動車が走行中騒音・振動また排気ガス等で環境汚染をしないようその設計・施工、またメンテナンス等において技術的な措置を徹底的に講じる義務が求められるようになった。行政においては、そのことを具体的に指示し、監督する責任が問われ、さらに道路建設においても、そのル

都市高速道路とあふれる自動車（国道43号，1977年）
（あおぞら財団付属西淀川・公害と環境資料館所蔵）

ート計画、設計、施工などこれまた環境に配慮した適切な措置が講じられなければならなくなった。もちろん、自動車のユーザーにおいても、環境に配慮した車種の選定、適切な使用が求められるようになったことは言うまでもない。

では、実際の状況はどのようなものであったのだろうか。すでに述べたところではあるが、七二年以来、ガソリン車とLPG乗用車についてはマスキー法対策としての段階的な規制がかけられていた。しかし、自動車保有台数自体が急増する中にあって、窒素酸化物と浮遊粒子状物質の総量的な減少は実現せず、国は、かえって七八年の二酸化窒素に関する環境基準改正を行ない、しかも年度目標であるメーカーへの規制もその技術的な達成度よりも常に後追いで規制値を定めるという対応を繰り返していた。自動車産業界への国の配慮が事態への対処を遅らせ、解決を先延ばしにしていたのである。この間、高速道路網は全国に延び、貨物輸送においてトラックが鉄道からその主導権を奪い、各種の自動車の走行ともあいまって沿道に重大な汚染を休みなく与えていった。

こうした中、一九九五年七月の西淀川公害訴訟判決（第二次～第四次）で自動車から排出する窒素酸化物と人の健康の因果関係が認められ、西淀川区内を通る幹線道路の設置者である国と阪神高速道路公団の責任が明瞭にされた。また、九八年八月には川崎公害訴訟判決で大気汚染下での自動車排気ガスによる健康被害の発生が認められ、八八年公健法改正による地域指定取消以後の発病者にも損害賠償が命じられた。二〇〇〇年一月尼崎大気汚染訴訟では一審判決でディーゼル車の排気ガスを中心とした浮遊粒子状物質と健康被害の因果関係が認められ、国と阪神高速道路公団に総額二億一〇〇〇万円の損害賠償と排気ガスの一部差止が命じられた。同年一二月大阪高裁における和解によって、大型トラックの通行道路を湾岸線側に移し変えるロードプライシングの実施も決められた。道路政策と自動車排出ガス対策は、いよいよ待ったなしの状況を迎えつつあると言わなければならない。また、エコカーの開発が話題にのぼり、ディーゼル車への規制がいよいよ本格化しはじめた。

廃棄物処理問題

一般廃棄物・産業廃棄物の処理問題がこの時期本格的に問題化されていることも見ておかねばならない。戦後の日本では一九五四年に制定された清掃法によって市街地区域を中心とする汚物の処理が行なわれてきたが、産業活動の飛躍的な発展を前に増大する産業廃棄物の処理に対処するものとして、七〇年一二月に「廃棄物の処理及び清掃に関する法律」（廃棄物処理法）が成立し、七一年九月施行された。この法律はその目的として、廃棄物の発生を抑制し、廃棄物の適正な分別、保管、収集、運搬、再生、処分等の処理をし、ならびに生活環境を清潔にすることにより生活環境の保全および公衆衛生の向上を図ることがうたわれた。この法律によって廃棄物の定義が行なわれるとともに、一般廃棄物と産業廃棄物の二大分類が行なわれることとなり（ただし放射性廃棄物は除く）、一般廃棄物は市町村が処理を行ない、産業廃棄物は排出事業者自身または事業者から廃棄物処理を委託された専門の処理業者が処理を行なうこととなった。

しかし、八〇年代のなかば以降になると廃棄物総量の増大に伴う廃棄物最終処分場不足の問題に加えて廃棄物に含まれる有害物質の複雑化など、いよいよ廃棄物問題が深刻になってきた。九〇年度には年間の一般廃棄物が約五〇〇〇万トン、産業廃棄物が約四億トン、うち一般廃棄物について見ると一人一日あたりの排出量も一一二〇グラムという数字を示すに至った。石油製品系の廃棄物、中でも廃プラスチックの量について七九年の三二六万トンが、八九年には五〇六万トンへと急増した。不法投棄の問題や医療廃棄物の問題も注目されるようになった。

廃棄物問題も、生産活動の増大に伴う産業公害という側面とともに、高度成長期およびそれ以降における国民の生活様式の変貌にも裏打ちされているという点で、新しい質を有する問題であった。この問題もまた、すでに述べたように六〇年代にその兆候を見せ始めていたものであるが、ここにきていよいよ大きな問題となってきたのである。ちなみに、ダイオキシンの発生が問題とされるのは、九〇年代後半のことである。九一年一〇月には廃棄物処理法が大幅に改正され、九五年六月の容器包装リサイクル法をはじめ各種リサイクル法が施行されている。

公共工事と環境破壊

水やその他の資源利用の側面から自然に大きな改変を加える工事が自然の生態系を破壊し、それが人間の生活環境を著しく破壊する現象が大きく表面化してきたことも重要である。京都・大阪・神戸など、その流域外の地域も合わせて現在一七〇〇万人の利用に供している琵琶湖・淀川の水問題が新たな形で噴出してきたのもこの代表的な事例であった。

一九七二年、当時急増していた水需要に安定的に応えるため琵琶湖総合開発事業が始まる。九七年の終了まで一兆九〇〇〇億円を投入した大計画であった。湖岸堤や排水施設を整備し、南郷洗堰を中心とする水位調整システムを整備した。琵琶湖の生態系はこのため大きな改変を余儀なくされた。ちょうど時期を同じくして湖岸地域に工場の立地と住宅地の開発が続いていた。七七年には湖水の富栄養化によって大規模な赤潮が発生する。八三年九月にはアオコの発生も見られるようになった。淀川から取水する上水道には異臭が発生した。琵琶湖の生態系と飲み水の安心をどう守るかという問題が本格的に問われることとなったのである。

八〇年、滋賀県は琵琶湖富栄養化防止条例（琵琶湖条例）を施行し、汚染源と見られた有機リン系の洗剤使用を規制する。また、八四年には第一回世界湖沼会議を滋賀県で開催して問題の解決を世界的な視野から見出そうとする。八五年には湖沼水質保全特別措置法（湖沼法）を施行し、九二年には滋賀県がヨシ群落保全条例を制定、九三年には世界的に貴重な湿地帯を守ろうというラムサール条約登録湿地にも指定された。

琵琶湖保全は生態系の保全と暮らしの防御という問題を大きく問いかけるものであったが、この問題は、九〇年代になって長良川河口堰の問題、有明海の干拓堤防問題、各地のダム建設問題あるいはスーパー林道の建設問題など、今やきわめて大きな問題となっている生態系保存、地球環境問題の本格的形成の典型であったと言ってよい。琵琶湖について言うならば、京阪神地域の水利用という大きな「公共性」を名目とした大工事が、実は自然環境を大きく損ねたのであり、「公共性」というものの内実が真に問われる時代に入ったと言わなければならないだろう。もちろん、膨大な費用の背後にはそれによって莫大な利益を受ける企業などの存在もあり、それへの配慮といかに闘うかという問題も横たわっている。

環境基本法の制定

一九九三年一一月、公害対策基本法にかわって環境基本法が制定される。この法律はその目的として、環境の保全について基本理念を定め、国・地方公共団体・事業者および国民の責務を明らかにし、環境の保全に関する施策を総合的かつ計画的に推進するためであることがうたわれた。環境基本法は、公害対策基本法が主として事業活動に伴う環境の汚染を問題としていたのに対し、さらに広く環境の保全を問題とし、地球環境保全をうたったところに新しい時代への対応という意識を示すものでもあった。この法律では国際協調による地球環境保全の積極的推進もうたわれている。事業者の責務としては従来の公害対策基本法に記載された事項のほか、物の製造、加工または販売その他の事業活動を行なうにあたって、それが使用されまたは廃棄されるときに環境への負荷の低減になるよう必要な措置をとることも定められた。政府は、環境の保全に関する施策の総合的かつ計画的な推進を図るため環境基本計画を定めることとなった。新しい歴史的段階における公害・環境問題への対応という課題にこの法律がどう応えていくか、問われることともなったのである。

（3）　地球環境問題の形成

国連人間環境会議

二〇世紀、環境破壊は国際的な問題ともなってくる。そして、それは当然日本の環境政策にも影響を与えることとなった。すでに一九六〇年代後半、北欧では国境を越えた酸性雨被害が大きな問題とされていたのであるが、スウェーデンが国連に対しこの酸性雨被害の防止対策など地球環境問題への対応を求めてストックホルムで国際会議を開くよう要請したことから、七二年六月、国連主催の会議開催が実現した。会議の名称は国連人間環境会議。会議には世界一一三ヵ国の政府代表、国連機関関係者など一三〇〇人が参加した。会議では、各国政府代表が直面する環境問題の実態と対応策などについて報告し、環境汚染問題をはじめ、人口、食料、資源、クジラなど野生生物問題、南北問題など広範な分野にわたって討議が行なわれ、人間環境宣言が採択された。日本からも大石武一環境庁長官が出席し、日本の環境問題について反省したことはすでに述べたところである。

この会議においては、会議場の外でも多くの民間人が集まり交流を重ねた。日本からは水俣病の患者がそこに参加し、世界の人々に訴えたのであるが、日本の公害問題について多くの国の人々に強いショックを与えることとなった。この会議に参加した日本にとって、公害問題を解決することは国際的な信望の回復につながる大きな責任を自覚することともなったと言ってよい。
国連は七三年三月、政府間の国際組織として国連環境計画（ＵＮＥＰ、本部ナイロビ）を設置し、地球環境問題に専門的に取り組むこととなる。

国際協議の進展

国連人間環境会議開催の前後から環境破壊問題に関する国際的な協議が国連を中心に進展し、「特に水鳥の生息地として国際的に重要な湿地に関する条約」（ラムサール条約、七一年採択、七五年発効、八〇年日本加盟）、「世界の文化遺産及び自然遺産の保護に関する条約」（世界遺産条約、七二年採択、七五年発効、九二年日本も締約）、「絶滅のおそれのある野生動植物の種の国際取引に関する条約」（ワシントン条約、七三年採択、七五年発効）、「国連海洋法条約」（八二年採択、九四年発効）、「オゾン層の保護のためのウィーン条約」（八五年採択、八八年発効）、「有害廃棄物の国境を越える移動及びその処分の規制に関するバーゼル条約」（八九年採択、九二年発効）などがそれぞれ成立した。

このうちオゾン層変化による悪影響については、八一年ごろからオゾンホール面積の拡大が始まり、八五年には南極大陸の面積を上回る状況になっていたことがイギリス南極観測所の研究者ファーマンによって確認されたのを受け、八五年にウィーン条約が採択されたものである。また、八七年にはモントリオール議定書でオゾン層を破壊する物質がフロン五種類とハロン三種類と規定され、その使用規制のプログラムが確認された。二〇〇〇年までにはフロンの生産量・消費量をそれぞれ八六年に比べ半減させる予定であったが、九〇年に開かれた締約国会議で二〇〇〇年までの全廃に前倒しすることが確認された。日本ではウィーン条約とモントリオール議定書の国内実施法として八八年三月「特定物質の規制等によるオゾン層の保護に関する法」（オゾン層保護法）が制定され、八九年からフロンの生産規制を順次開始した。さらに九三年末には消火剤に使用されていたハロン、九五年末にフロン、1-3クロロエタンなどの生産が全廃された。

地球温暖化の問題

地球温暖化の問題も一九八五年ごろから国際的な問題となり始めた。すなわち、この年オーストリアのフィラハで開かれた科学者の会議で、参加した科学者たちがこの問題の解決を呼びかけ、急速に国際的な問題として認識されるようになったのである。石炭・石油など化石燃料を大量使用することによって生じる二酸化炭素・メタン・フロン・亜酸化窒素などが地球の温室効果を高め、一八八〇年代からの一〇〇年間で地球の平均気温が〇・三〜〇・六℃上昇、海水面も一〇〜二〇センチメートル上昇したこと、このまま放置していれば、二一世紀末には平均気温は約三℃上昇し、海水面は三〇センチメートルから一メートル上昇するというショッキングなものであった。八八年カナダのトロントで開かれた科学者と政府関係者の会議では、二〇〇五年までに二酸化炭素排出量を八八年レベルから二〇パーセント削減、長期目標としては五〇パーセント削減すべきというトロント目標を示した。この年、世界気象機関（ＷＭＯ）と国連環境計画（ＵＮＥＰ）は科学者で構成する「気候変動に関する政府間パネル（ＩＰＣＣ）」を設立した。九〇年からＩＰＣＣの第一次報告を受けて国際的な交渉が始まり、九二年五月国連総会で気候変動枠組条約が採択された。ときあたかもブラジルのリオデジャネイロで地球サミットが開かれており、そこで世界一五五ヵ国が署名を行なったのである（九四年三月発効）。九七年には京都で開かれた第三回締約国会議で京都議定書が採択され、法的拘束力のある数値目標が定められた。

二酸化炭素の排出量は、アメリカ（世界の約四分の一）を筆頭として日本・ＥＵなどの西側先進国が世界の約半分を占めているから、先進国に対して削減を義務づけ、二〇〇八年から二〇一二年までのそれぞれ数値目標を定めた。一九九〇年度比で日本・カナダ・ポーランド・ハンガリーは六パーセント、アメリカは七パーセント、ＥＵは八パーセントの削減に同意した。ただし、この数値目標の同意においては、当初日本もアメリカも激しい抵抗を示していた。それが、このような同意に至った背景には、政治的な駆け引きの結果、削減分の排出量取引や共同実施などといった対策を楽にするメカニズムが取り入れられたことと、環境ＮＧＯ（非政府機関）などの市民団体による強い後押しがあったことも見ておかねばならない。

日本における環境ＮＧＯは京都会議を境にさまざまな形態をもって急速に結成され、活動力を強めていった。それは、新しい環境運動の基盤として大きく注目を受けるものとなった。

二〇〇一年三月アメリカは、途上国が削減義務に参加していない、アメリカの経済に影響を及ぼすなどの理由で京都議定書から突然離脱を表明した。日本政府はアメリカの離脱を受け、議定書発効の条件として日本の批准が不可欠である状況を見ると、全体の削減に与える影響を無視して、吸収源の利用拡大を強く主張し、また遵守制度についても議長提案に強く反対して、なんとしても議定書の発効を求めるＥＵの譲歩を引き出した。地球温暖化をめぐる日本政府の対応は、国際的な期待に応えていないという批判が強まっている。環境ＮＧＯの活動もまた新たな視点が求められていると言えよう。

地球サミット

一九九二年六月ブラジルのリオデジャネイロで地球環境会議（環境と開発に関する国連会議）が開かれた。これは、七二年六月の国連人間環境会議から二〇年を記念して開かれたものであるが、一七二ヵ国が代表団を派遣し、環境ＮＧＯからは約一万七〇〇〇人が参加するという、二〇世紀最大規模の国連会議となった。会議では、気候変動枠組条約、生物多様性条約の調印が行なわれ、「環境と開発に関するリオデジャネイロ宣言」、「森林に関する原則声明」が採択された。この会議では「持続可能な発展」（sustainable development）がスローガンとなり、今日に至るまで環境政策等の方向性を規定することとなった。また、この会議ではアジェンダ21が採択され、二一世紀に向けた地球環境保全の行動計画として、会議後の各国の環境政策に反映されることともなった。

地球環境会議に集まった人々
（あおぞら財団附属西淀川・公害と環境資料館所蔵）

現在では、日本の環境問題も国際的な広がりの中でその対応が求められる時代になったことを確認しておかねばならないのである。

まとめ

公害と環境問題史の変遷過程を一九世紀後半から二〇世紀最後のころまで追ってきて思うことの第一は、これが、一〇〇年以上に及ぶ長い歴史を持ち、その間、常に産業活動の優先という思想と格闘してきた事実である。また、それとの関係で見ておくべきことは、一九七〇年前後という数年間の持つ歴史的な重要性である。すなわち、このとき日本においても世界においても、公害・環境問題への対応において大きな変化が生じたことを確認しなければならないということである。

日本においては、生産力向上と富の確保のためには環境汚染やそれによる被害を従とし、目をつぶるべきだという考えが、戦前から戦後の高度経済成長期に至るまで一貫して強められてきた。この考え方は、被害を受ける住民の非難や行政の介入など、まさにさまざまな抵抗を受けてきたのであるが、そうした抵抗をくぐりぬけて歴史の中で強められてきたと考えるべきであろう。高度経済成長期は、文字どおりそのピークであった。換言すれば、産業界とそれを後押しする行政の横暴が行き着くところにまで行き着いていた。

一方、被害を受ける人々の意識も、一九七〇年前後の数年間に至るまでさまざまな屈曲を経てきたと言わなければならない。被害を受ける人々は、近代的な機械制産業の力が強まるにつれ、それが引き起こす公害問題を批判し、問題解決を迫ることに困難を感じ始めていた。しかし、徐々に形成されていた人権意識に支えられ、ついに何物にも代えがたい環境の重要性を国民的合意に高め、それを軽視する議論をこの時期において一挙に打ちのめした。それはまさしく大変革であり、歴史的な大転換であった。

この大転換を導いた力は住民運動や被害者の運動であり、それを支えたジャーナリズムや弁護士・科学者などの活動であった。それ故、住民運動の歴史は細心の注意を持って研究されなければならない。と同時に、そうした力を発揮した歴史的条件も明確にしていかなければならない。

ところで、七〇年代以降になると、事業場公害とは違う新しい形を持った環境問題が、それまでの潜在的な状況から本格的に出現してくる。また、国際的な広がりを持つようになってくる。産業界あるいはそれを後押ししようとする国などの行政機関は、この後も公害や環境問題に対する自らの責任を逃れようとしているのであるが、ここにおいて、これらは公害問題とは違い、そこにはその原因者として国民一人一人の消費活動に大きな責任があるかのような宣伝を強めている。また他方では、環境問題の解決は国や企業にその主導権があって、国民はそこでは従たる位置を占めるものとし、せいぜい環境保護の心構えを持つものとして、その解決主体となるべきことを否定しようともしているのである。

ともかく、真に環境重視の社会を実現するのは、いったいどのような力に基づかなければならないのか。その長い歴史の究明を通して我々はよく考えなければならないだろう。我々が公害問題や環境問題の歴史を知ることの第一の意義はここにこそあると言っておきたい。

第二部　被害の実例に見る公害問題・環境問題の展開

1　戦前

（1）足尾鉱毒事件

四大鉱害事件の発生

日本の近代化は、一九世紀後半の明治維新後に始まり、住友家経営の別子銅山を除き主要な金属鉱山はほとんど国有化されたが、経営がうまくいかず、製鉄所を除いて民間に払い下げられた。足尾銅山は古河に、小坂鉱山は藤田組に、日立銅山は久原に、佐渡・生野鉱山は三菱に、神岡鉱山は三井に払い下げられた。これらの六大鉱業資本は、金属鉱山を拠点として一途に三井・三菱・住友・日立・古河・藤田の六大財閥形成の道をたどった。

特に、「銅は国家なり」と豪語し、生糸と並び当時の主な輸出産業であった銅鉱業は、富国強兵・殖産興業による日本の近代化に大きな役割を果たし、足尾・別子・小坂・日立の四大銅山を中心に繁栄した。

しかし、銅生産量の増加につれて、銅山排水中の硫酸銅やヒ素・鉛・カドミウムなどの重金属類による鉱毒被害、製錬排煙中の硫黄酸化物やヒ素・鉛・カドミウムなどの重金属類を含む浮遊粉塵による煙害が、銅山周辺の広範囲にわたる山林や農地で生じた。いわゆる足尾鉱毒事件と別子・小坂・日立煙害事件の四大鉱害事件であり、被害農民側と経営者側の激しい対立を招き、地方行政や中央政府を巻き込む重大な社会・政治問題となった。すなわち、日清・日露戦争から第一次世界大戦までの富国強兵時期に、足尾、別子、小坂、日立の順に鉱毒・煙害事件が社会問題化した。

足尾鉱毒事件の発生

特に、足尾鉱毒事件は、日本の「公害の原点」に位置づけられる有名な鉱害事件である。栃木県の日光・中禅寺湖付近にある足尾銅山は、江戸時代から操業されていたが、明治維新後、古河市兵衛に払い下げられ、西欧の鉱山技術を導入して日本最大の銅山となった。しかし、足尾銅山周辺の三万ヘクタール以上の国有林は煙害で荒廃し、銅山下流の渡良瀬川洪水の主因となった。さらに、洪水などにより硫酸銅やヒ素・鉛・カドミウムなどの重金属類を含んだ鉱毒水が渡良瀬川流域の数万ヘクタールもの広大な農地に流入し、農作物の不作を招いた。

被害農民の依頼を受けた東京帝国大学農科大学の古在由直・長岡宗好両助教授は、『渡良瀬川沿岸被害原因調査ニ関スル農科大学ノ報告』を一八九二年にまとめ、鉱毒被害の原因が足尾銅山であることを科学的に明らかにした。

この報告書は、足尾銅山鉱毒被害の原因調査について、科学的手法を用い初めてまとまった形で報告されたものである。被害農民の依頼で古在由直・長岡宗好両助教授は、まず被害地へ足を運び実状の視察を行なった結果、単なる気候その他の自然的条件の影響以外に、「必ズヤ他ニ激烈ナル害源」

が存在すると考えた。そして、農作物被害の原因が土壌の理学的組成と化学的組成にあるとした。被害農地の土壌・渡良瀬川の水質と底質・足尾銅山の排水などを調べ、大量の硫酸銅を確認し、硫酸銅が農作物被害の原因と結論した。

一八九七年に設置された政府鉱毒調査会委員の東京帝国大学工科大学教授・渡邊渡は、鉱毒反対運動の激化から鉱毒調査会でも足尾銅山の操業停止意見が強まったときに、全国の鉱業を守るため足尾銅山の操業継続を主張し、「最後に予防命令を出して、兎に角、鉱山を活かそうと云うことになった」経過と苦労を、生々しく述べている。特に、後藤新平内務省衛生局長や農商務省委員らが操業停止を主張し、榎本武揚農商務大臣が中途で辞任した。

鉱毒調査会は、一八九七年に古河市兵衛に対して、鉱業条例第五九条に基づく鉱毒予防工事命令を下し、同年解散した。古河市兵衛は文字どおり社運を賭け、総工費一〇四万円（当時の足尾鉱山の年間売上高の約半分）をかけて、排水の石灰中和処理施設、日本最初の排煙脱硫塔やコットレル電気集塵機などを導入して鉱害防止対策を実施したが、鉱害はほとんど改善されなかった。

一八九八年の渡良瀬川大洪水後、鉱毒被害が深刻になり、鉱毒反対運動は激化し、一九〇〇年に被害農民と警官隊が衝突した川俣事件が起こった。一九〇一年に田中正造は世論を喚起すべく、代議士を辞任し、天皇直訴を企てた。この直訴状は、その後の大逆事件で処刑された社会主義者の幸徳秋水が起草したとされる。直訴は警官に取り押さえられて失敗したが、世論は鉱毒反対で沸騰し、古河市兵衛の妻が自殺するほどであった。

また、内相・原敬は、足尾鉱毒事件で世の批判にさらされていた古河市兵衛に対して、社会貢献策

（現在の企業メセナ？）として帝国大学整備費一〇〇万円の寄付を提案し、北海道・東北・九州の三帝国大学の新営整備が行なわれた。こうして一九〇九年に建設された北海道大学古河講堂は、現在も保存・活用されている。

田中正造の天皇直訴事件を受けて、鉱毒反対運動が激化したため、一九〇二年に第二次政府鉱毒調査会が設置された。一九〇三年の鉱毒調査会による「足尾銅山に関する調査報告書」では、排煙脱硫塔の脱硫効率はわずか二六パーセントであり、一九一五年に廃止されたようなしろものであった。本調査報告書を受けて一九〇九年に政府は渡良瀬川改修計画案を発表し、計画案の最も重要なものが、約三三〇〇ヘクタールという谷中村遊水池であった。

足尾鉱毒事件のその後

その後政府は、谷中村遊水池建設を中心とする渡良瀬川改修工事、日本最大の足尾砂防ダム建設、ヘリコプターによる航空実播工（種まき）などの治山治水事業を国費で営々と行なってきたが、一〇〇年後の現在でも足尾周辺の山林は、日本のグランド・キャニオンと言われる広大な禿げ山である（次頁の写真）。戦後の生産設備改善で硫黄酸化物や煤塵の発生は少なくなったが、一九五八年に源五郎沢堆積場の決壊事故による六〇〇〇ヘクタールの農地被害、一九六九年に渡良瀬川下流の桐生市水道原水からの環境基準を超えるヒ素の検出など水質汚濁は続いた。さらに、一九七一年に桐生・太田両市で銅とカドミウムによる土壌汚染地域が三七八ヘクタール発見され、その対策工事費の約半分を古河鉱業が負担しただけで、一九七三年に足尾銅山は閉山したが、輸入鉱石による製錬は続いた。し

旧足尾銅山の銅製錬所付近の今なお荒れた山並みを流れる渡良瀬川
（1969年 9 月，畑明郎撮影）

かし、一九八七年の国鉄足尾線の第三セクター化に伴う貨物輸送の廃止により、製錬も休止し銅スクラップリサイクル事業のみを現在行なっている。

足尾銅山の年間産銅量は約八〇万トンで、足尾は文字どおり日本一の銅山であった。しかし、足尾銅山発祥の「銅の名門企業」だった古河鉱業は、一九八九年に古河機械金属と改称し、鑿岩機シェアは国内首位で世界四位のメーカーだが、国内非鉄大手六社では唯一自社製錬所を持たない企業に凋落した。古河市兵衛の直系子孫が社長を務める古河電工は、二〇〇二年四月に足尾銅山の銅電解工場であった旧古河電工日光事業所の跡地土壌から環境基準を超えるヒ素やセレンを検出したことを発表した。鉱山や製錬所を閉鎖しても、土壌・地下水汚染が跡地に残されたのである。

足尾鉱毒事件に関する書物概説

足尾鉱毒事件については、「近代公害の原点」としてきわめて多数の書物が出版されている。まとまった通史として『通史足尾鉱毒事件 1877–1894』があり、まとまった資料として『資料足尾鉱毒事件』がある。また、被害者側のものとしては、木下尚江が編集した『田中正造の生涯』、田中正造の著作等を収録した『田中正造全集』、発行と同時に発行禁止された荒畑寒村の『谷中村滅亡史』、文豪・夏目漱石の『坑夫』、城山三郎の『辛酸——田中正造と足尾鉱毒事件』などがある。加害企業側のものとしては、『古河市兵衛翁伝』や『創業百年史』がある。地元町・住民のものとしては、足尾町の『足尾郷土誌』や布川了・神山勝三『田中正造と足尾鉱毒事件を歩く』などがあるので、詳しくは参照されたい。

(2) 別子銅山煙害事件

別子鉱毒事件の発生

愛媛県の山中にある別子銅山は、江戸時代以降、住友家が経営し、住友財閥形成の拠点となった鉱山であり、江戸時代に吉野川下流の阿波藩や国領川下流の西条藩の農地で鉱毒問題を起こし、両藩と幕府が対策に乗り出した歴史がある。つまり、別子銅山の坑内水や選鉱・製錬排水は、一六九一年の開坑以来、付近の足谷川（悪しき谷川の意味）にそのまま流されていた。そのため、銅山峰（海抜一二九四メートル）の南側を流れる銅山川（吉野川上流）と、銅山峰の北側を流れる国領川ともに、鉱毒水

旧山根製錬所の赤レンガ製煙突
（1997年7月，畑明郎撮影）

が流入し、下流域の農地を荒廃させた。西条藩では、減収被害に対して年貢の一部を免除したが、阿波藩では、鉱毒被害は広域に及び、農民と藩が住友家と幕府に訴願したが、幕府の輸出用の御用銅を産出していた住友家と幕府は癒着しており、聞き入れられなかった。

　このように、江戸時代の別子銅山の鉱害は、鉱毒水が主原因だったが、銅製錬による煙害も銅山周辺で起こっていた。すなわち、銅山峰南側の別子山村での鉱石の山元製錬焙焼時に大量の亜硫酸ガス（SO_2）が発生し、山中の煙害を起こした。坑道用木材や製錬用木炭に必要な薪木や木炭もすべて山中で調達されたため、煙害と相まって森林破壊が進んだが、住友家の事業地域内なので、煙害問題は表面化しなかった。明治以降、別子銅山支配人の伊庭貞剛が率いる住友家は、山元製錬所の煙害で荒廃した山林を次々と買収し、植林していった。これが現在、国土の千分の一にあたる約四万ヘクタールの山林を所有する日本屈指の住宅建築・林業会社の住友林業に発展したのである。

別子煙害事件の発生

一八八八年に山中の高橋製錬所を山麓の山根製錬所（写真）と平野部の新居浜（惣開）製錬所に移

し、一八九三年に別子鉱山鉄道の開通もあり、生産規模を著しく拡大した結果、同年に周辺の農作物に深刻な被害を発生させた。これに対して住友は、被害原因は「虫害」だと説明したが、農民らは納得せず、再三にわたり、数百人が住友家新居浜分店に押し掛け、農作物被害は煙害によるものだとし、製錬中止や製錬所移転を強く求めた。一八九四年には、数百人の被害農民が筵《むしろ》旗や竹槍を掲げ、喚声を挙げながら分店に襲いかかる暴動となったが、住友側は農民に対して煙害を決して認めなかった。しかし、一八九四年の山根製錬所の休業と高橋製錬所の拡張を余儀なくされた。

四阪島製錬所移転と煙害激化

こうした状況で、住友家は煙害問題解決のための抜本的な対策を迫られ、別子銅山支配人の伊庭貞剛は、製錬所を陸地から離れた海上の四阪島に移すしかないと判断した。その後、大阪鉱山監督署は一八九六年に煙害の関連から新居浜製錬所の改造を命じる一方、同製錬所の四阪島への早期移転を命じた。しかし、住友家の公式の移転理由は煙害防止のためでなく、新居浜製錬所が用地難に陥ったためとした。別子銅山の年間収入が約一〇〇万円にすぎなかった時代に、総工費一七〇万円余をかけて四阪島製錬所を建設した。

一九〇四年に四阪島製錬所が完成し、煙突から排出された煙は、陸地に達するまでに海上の大気中に拡散消滅して、煙害は解決するはずであった。しかし、試験操業を開始すると対岸から農作物被害ありとの声が出て、一九〇五年の本格操業後は、越智・周桑両郡の各村から煙害の叫びが起こった。その後の一九〇六～〇七年には、煙害の声はより大きくなり、愛媛県や農科大学教授らが調査した結果、農作物被害は煙害によるものであることが確認された。

つまり、製錬所煙突から排出された煙は、予期したように海上の大気中に拡散せず、濃厚な帯状となり風下の方向へ流れ、それが気象条件により遠隔の対岸まで達することが分かった。こうして被害地域は、新居浜製錬所当時よりはるかに広範囲にわたり、四阪島を中心にその半円内にある愛媛県東予地域の越智・周桑・新居・宇摩四郡の農村や山林にまで拡大した。

一九〇八年には、煙害は一段と激しくなり、被害農民は憤然として郡下に蜂起するという不穏の形勢となり、製錬の中止、処理量の削減、煙害対策の実施、被害農民への損害賠償など要求を掲げて一斉に立ち上がった。このような情勢の中で、住友家は煙害を初めて認めた。また、愛媛県選出の全代議士も動き、愛媛県会が農商務大臣と愛媛県知事宛ての陳情決議を可決した。今や煙害問題は、一地方問題にとどまらない全国規模の社会・政治問題となったのである。一九〇九年に愛媛県知事や愛媛県選出代議士などの斡旋により、住友総本店幹部と越智・周桑両郡代表者とが尾道で会談し、煙害問題について協議したが、決裂した。

煙害問題の解決

一九一〇年に煙害は国会でも問題になり、農商務大臣の仲介で被害農民と住友との煙害賠償契約がようやく締結された。契約書は、損害賠償金の支払い、生産量の制限、季節的な操業制限などが課される画期的なものであった。その後、煙害賠償協議会は知事の調停で、住友（一九二七年に住友別子鉱山㈱となる）が四阪島に硫酸製造工場と中和工場を完成させた一九三九年まで、約三〇年間にわたり通算一一回開催された。こうして、住友別子鉱山㈱が支払った煙害賠償金や寄付金の合計額は、約八五〇万円の巨額にのぼった。一八九三年の煙害発生以来、実に四七年の歳月を経て、煙害問題は解決したが、一九三九年は別子銅山開坑二五〇年記念の一九四〇年の前年であった。

住友別子鉱山㈱は、この巨額の損害賠償金と日中戦争時の生産量制限に耐えかねて本格的な公害防止対策を実施した。すなわち、一九二五年のコットレル電気集塵機の導入、一九二九年の日本最初のドイツ・ペテルゼン式硫酸製造装置の導入、一九三八〜三九年のアンモニア中和工場の建設などにより、煙害問題を発生源で解決した。この排煙から硫酸を回収し、硫酸から過燐酸石灰肥料を製造する事業は、住友肥料製造所を経て、現在の住友化学に発展した。つまり、公害防止対策が新しい化学工業を創出したと言える。

別子銅山の現在

一九七三年に別子銅山は閉山したが、開坑以来二八三年間の出鉱量は約三〇〇〇万トン、産銅量は約七二万トンに達し、足尾銅山に次ぐものであり、住友財閥形成の根本となった。住友グループの協力により旧山根製錬所跡地に「別子銅山記念館」が一九七五年に建設され、現在でも住友グループの社長で構成される白水会は、毎年別子銅山を訪れているという。一九七一年に新居浜に建設された東予製錬所は、閉山後も住友金属鉱山の主力銅製錬所として操業し、一九七六年に銅製錬を中止した四阪島製錬所は、現在も製鉄煙灰から亜鉛を回収するリサイクル事業を行なっている。

別子煙害事件に関する書物概説

別子煙害事件については、加害企業側の記録である『別子開坑二百五十年史話』と別子開坑三〇〇年を記念して編纂された『住友別子鉱山史』、被害者側の記録である『愛媛県東予煙害史』、新居浜市が発行した『新居浜産業経済史』や『歓喜の鉱山』、愛媛県がまとめた『資料愛媛県労働運動史』、木本正次の『四阪島』や渡辺一雄の『住友の大番頭伊庭貞剛』などに詳しく述べられているが、前二者は加害企業側の記録とは言え、被害の状況と企業側の公害防止対策について客観的に記述しているので、詳しくは参照されたい。

(3)　大阪の煤煙・煙害問題

大阪の工業化と煤煙問題の形成

近代的な機械と大規模な生産装置を備えた大阪の工業化が本格的に進み始めるのは史実に照らしてみると一八八〇年代後半以降と言ってよい。一八九四年には大阪市参事会もそうした工業化を進めるための土地を確保するために周辺町村の合併を論じるようになっていた（第一次合併は一八九七年）。この時期以降機械を動かす原動力として石炭を燃焼し蒸気力を得る工場は急速に増加し、それがばい煙による都市の大気の広範な汚染をもたらすこととなった。

一九〇二年一二月、大阪府会は府知事に対して、「若し歩を野外に移し市内及び接近郡村を観望するときは黒煙天に漲り真に煙都の名亦適実なるを知る」、「既に煤煙の衛生上有害なること判明せるに拘はらず、其防止方法の規定なきは公衆衛生上に於ける一大欠点なり」と指摘し、「煤煙防止に関する規則を制定し、府民をして不潔不快の感と恐るべき害毒とを免れしむるは刻下に於ける最大急務なり」と訴えている。もちろん、この建議の背景には、一年後の一九〇三年に第五回内国勧業博覧会を大阪で開催し、全国から、また外国からも多くの来観者を迎えるという事情もあった。しかし、ここで早くも「煙都」という言葉が使われていることからも分かるように、ばい煙の被害は広く大阪市とその周辺郡村をおおい、その解消が強く求められていたのである。

一九一〇年代前期の汚染状況と煤煙防止運動

一九一〇年前後大阪市から郊外に延びる私鉄電車が急速に普及しているが、上〜中層階級の市民の中には、ばい煙などで汚れた市内での住居を捨て、空気の良い阪神間や北摂あるいは大阪市南部の郊外に住まいを移す者も増え始めていた。大阪市内（ただし、第一次合併後の市内であって、ほぼ現在のJR大阪環状線の内側と港区方面を含んだ地域）はいよいよ商業・金融と生産中心の地域と化し、労働者や奉公人を中心に人口も増えつつあったが、ばい煙や有毒ガスあるいは有毒汚水の害はさらにその深刻さの度合いを深めていたのである。一九一二年一二月から一三年一一月に至るまでの間、大阪市内で降煤量調査が実施されているが、それによれば市内西九条方面と天満方面は一ヵ年一平方マイルあたりそれぞれ七六五・五八トン、八六三・六七トンと、当時のロンドン（シティーエリア）における降煤量六五〇トンを上回る数値が示されていた。また、別の調査によると大阪市内の大気の硫酸含有量は兵庫県に比べて約二・四倍という数値も示されている。当時の飛行家が上空から見た感想の中に「大阪市街はあたかも灰色の大塊の如く暗澹として、遂に街衢《がいく》の状況を明視する能はず」と述べた言葉があった。

有毒ガスの発散問題も広がっている。一九〇六年一一月一八日付の『大阪朝日新聞』にはその後一〇年近く法廷で争われた大阪アルカリ会社（当時西区）の煙害問題も報じられている。市域周辺部に展開し始めた化学工業が工場周辺地域の農漁業に被害を与え、地主などからその損害賠償を迫られることも多かった。一九一二年一二月大阪府会は「有毒瓦斯等ノ障害取締其他ニ関スル意見書」を府知事に宛てて提出し、「近来我大阪府下に於ける各種製造工業の発達に伴ひ、一面に於ては往々之れが為に公衆の衛生に危害を及ぼすことあり」と指摘したうえで（原文は漢字片仮名表記）、

一、有毒瓦斯又は鉱毒を飛散し或は製薬に起因する毒素を放散する等の各種営業者に対し、他に危害を及ぼさざる装置を命じ、若しくは相当民家を距るの地に移転せしむる等、適当なる取締法を設け、之を励行せられんことを望む。

一、煙突を有する各種工業者に対し煤烟防止器の設備を命じ、其他相当なる取締を為さんことを望む。

一、市内河川の水質を試験し、其の結果を本会に報告せられんことを望む

と三点にわたって意見を提出している。

この意見書の背後には一九一一年、第一回会員総会を開いた煤煙防止研究会の調査研究活動があった。

煤煙防止研究会は会長に前府知事をいただき、会員には当時大阪における各方面の有力者を網羅し、

蒸気機関等に関する専門研究者や取締官がその推進役となった組織で、広く工業家にも参加を求めていた。この会は機関誌として『会報』を三号まで発行し、煤煙防止器の紹介と研究、各国の実情調査、大阪での降煤量調査、および各工場の噴煙状況調査、また一九一三年大阪府が作成した煤煙防止令草案に対する答申など各方面にわたって活動を展開した。この会の活動に触発されて煤煙防止器の開発を進める企業家も出現したのである。ちなみに、当時城東方面の空を真っ黒に染めていた大阪砲兵工廠に「御法川式煤煙防止器」の販売勧誘があった記録も残されている（防衛庁防衛研修所図書館）。

一九一三年大阪府が煤煙防止令の草案を作成し、煙突を備える工場に煤煙防止器の設置を義務づけようとしたのは、先に見た府会の意見書に基づく形でもあったが、まさにこの煤煙防止研究会の活動によるものでもあったと考えられる。ばい煙防止、有毒ガス発散防止は広く市民あるいは府民の要望となっていたと言ってよい。いろいろな新聞もまたこのことを要求し、世論を喚起している。しかも、大事なことは取締当局である警察部自身がこのことを真剣に追求していたという事実である。ばい煙防止は工業家を大きく包囲する形でその実現が迫られていた。

だが、大阪府の煤煙防止令はついに成立することがなかったばかりか、一九二〇年にはそれまでの製造場取締規則（一八九六年制定）が、新設・増設などにおける許可制から届出制に変更されるなど、かえって工業家に甘い工場取締規則にとってかえられた。第一次世界大戦（一九一四～一八年）を契機とする工業ブームが工業家の社会的力を格段に強め、ばい煙防止の声を押し切っていったのである。

昭和戦前期の煤煙防止運動

一九二五年大阪市は第二次市域合併を行ない、西成・東成両郡全部を市域に編入する。いわゆる「大大阪」の実現である。大阪市は急速に人口を増大させ、ついに一九四〇年には三五〇万人を数えるに至る。大阪市は急速な都市化・工業化に対応するため都市計画を重ね、都心の再開発とともに合併した旧町村地域での区画整理を進める。こうした中で都市の様相は中心部・周辺部ともに大きく変わっていった。新市域として大阪市に編入された旧郡部地域は急速に農業地域としての様相を失い、巨大資本による区画整理が実施された此花区では西六社と呼ばれる巨大工場の立地が進み、西淀川区や大正区あるいは旭区などには中規模工場を中心に住工混在の街区が形成されていった。

ばい煙や有毒ガスによる大気の汚染地域はいっそう拡大し慢性化していく。硫黄酸化物の濃度は一九二四年の調査によると、すでに工場地帯の空気一立方メートル当たり午前平均一・二三五ミリグラム、午後平均三・五二八ミリグラムという驚くべき数値を示していた。当時大阪市立衛生試験所長であった藤原九十郎はこの状態を問題とし、大阪市内のばい煙の実測調査を実施し、またその害についても実態に即して調査を進めていった。彼は健康上の被害について軽度の炭粉沈着を起こしていること、乳幼児死亡率の高いこと、紫外線の減少といった状況を解明し、しかもそれらが住宅環境の悪い市域周辺部の工場地域に住む貧民階級により大きな被害を与えていることを指摘した。

一九二七年七月、大阪都市協会は府市当局者、工場経営者、燃料および衛生学の専門家などを構成員とする煤煙防止調査委員会を組織し、大阪市における煤煙防止運動に取り組み始める。この運動はばい煙の害を強調するとともに、もっぱら燃焼方法の改善によって成果をあげる方向を目指した。そ

煙量一年に二万トン
まつ黑々の大阪
空中淨化運動（上）
けふから都市協會が始める

煤煙防止運動を報じる新聞記事
（『大阪毎日新聞』昭和３年９月20日付）

の技術的指導者として大阪高等工業学校講師辻本謙之助の果たした役割は大きいものがあった。この方法は、おりしも経済界の不景気の中で生産合理化を求める企業のねらいとも重なり、初期においては相当の成果をあげることとなった。運動は大阪市にとどまらず、東京市やその他の都市あるいは満州の大連市にも広められていった。一九三二年六月には大阪府は煤煙防止規則を制定し、罰則付きでリンゲルマン煤煙濃度計三度以上のばい煙を一時間につき総計六分をこえて発散させてはならないとする基準も定めた。

しかし、このときの煤煙防止運動の問題点もまたここに存していた。すなわち、個別企業に負担をかけないとする姿勢が、一九三二年以降の準戦時～戦時工業生産の時代進展の中で結局は運動の形骸化をもたらしたのである。そこでは当時実用化され効果も知られていた電気集塵機の使用を工場経営者などに強制することもなく、工業生産の回復とともに再び汚染の増大を招いても、それを規制することができなかったのである。また、工業化ブームの中で、大気汚染を当然とする空気が市民の間に定着していたこと、さらには新規に大阪市に流入し、多くは工場地帯に住むようになった人々の権利意識の相対的な低さもそこに横たわっていたのかもしれない。

（4）庄川の流木とダム建設問題

水力発電事業の拡大

一九一〇年前後から二〇年代にかけて日本の電気事業は急速な伸展を見せる。大正期の工業化・都市化の中で事務所や家庭用の照明を中心とする電灯需要も伸びたが、産業・交通の動力源としての需要が急増し、電気事業それ自身も基幹産業としての位置を確立していく。ちなみに、日露戦争の終わった翌年の一九〇六年と一九二四年を比べてみると、会社数は七六から八二二へ、資本金（払込）は二三三四万円余から二〇億一二二万円へ、発電力は九万一〇〇〇キロワットから二二三万キロワットへとそれぞれ急増したのである（電力政策研究会編『電気事業法制史』電力新報社、一九六五年）。

ところで、この間における発電力の増大は、火力発電によっても支えられたが、水力発電の増大によってより大きく支えられたところに特徴があった。一九一二年を境に水力は火力を凌駕していたのであるが、先の一九二四年には水力一四七万キロワットに対し、火力は七六万キロワットにとどまり、その比率は約二対一となっている。水力発電の増大は、技術的には一九〇八年東京電燈駒橋発電所における五万五〇〇〇ボルトの超高圧送電の実現によって長距離送電に道が開かれたこと、および河川水の一部を利用する水路式からその全部を利用する高堰堤（ダム）式を採用することによって急速にその道を開かれたものであった。こうした中、開発される電力も万キロワット単位となり、中部山岳地帯などが新たな電力供給地域として注目されるようになる。にもかかわらず、需要地では増大する需要の前に常に電力不足がとなえられ、開発をめぐって電力会社は激しい競争を迫られていたのである。この間、京浜工業地帯に対する東京電燈、中京工業地帯に対する東邦電力のような独占的な巨大企業が形成されたことも大きな変化であった。

発電水利権をめぐる紛争

水量が豊かで大きい落差を取れる河川を対象に、山間部など適地を選んで巨大な堰堤を築き、その流れを堰き止めてしまう工事がこの時期次々と計画・実施されていくこととなったのであるが、それは当然、従来からの河川の水利慣行を混乱させ、その川によって生活の重要部分を支えている沿川住民の暮らしと衝突し、さらに治水上の懸念も生じさせることとなった。ダム建設をめぐる紛争が日本のあちこちで見られるようになったわけである。たとえば、一九一五年に問題になった宇治川水電の宇治川第二期工事はダム崩壊を危惧した下流住民からの追及によって帝国議会でその請願が採択されたものであり、一九一六年に衆議院に質問書が提出された桂川電力の山梨県西湖の水を利用する発電施設は精進湖・本栖湖の水位を下げ、また富士郡各河川の水源に影響を及ぼすのではないかという疑惑から生じた問題であった。

内務省は、基本法たる河川法の立場から伝統的に治水を求めるところがあったのであるが、一九一二年以降、次々と通牒などを発し、そうした観点から発電施設の建設に対し規制を強めていた。一九一八年には、発電用の水利使用の許可に際して、灌漑用水・舟筏の通行・流木・名勝旧跡・治水等広範な公益事項に特に配慮を求める視点をいっそう明瞭に示している。

このような中、電力会社は、発電用水利の優先的利用を求めてさまざまな動きを示すようになる。米騒動が全国をゆるがせていた一九一八年八月、日本電気協会・中央電気協会・九州電気協会の三電気協会は、「水力電気事業は国家の消長に関する重大事業」であるにもかかわらず、その根本問題ともいうべき水力使用の許否に対しては拠るべき法律がないこと、「水利組合の専恣または地方長官の意見に一任され」、そのために事業の発達を阻害する弊を免れない事情を訴えて、電気事業の水力使用法規の制定を訴える建議を内閣総理大臣ほかに提出している。また、翌年には同趣旨の建議を代議士を通して議会に提出し、その立場をさらに強く働きかけたのである。電力開発の伸展を求める電力会社とその監督官庁である逓信省の思いはまことに強烈なものがあったのだが、同時にそれに対する抵抗もまたこの時期強いものがあり、結局、こうした要求が通ることはなかった。

一九二六年から三三年まで八年にわたって流木業者を中心とする地元の反対運動が執拗に展開され、新聞でも大きく報じられた庄川水力電気による富山県庄川の小牧ダム建設をめぐる問題はこうした中で発生した重要な事件であった。この事件においては、裁判の中で多くの論点が提起され、論争されただけでなく、その後のダム建設にあたって実行される先例もまた数多くつくられたことを見ておかねばならない。

小牧ダムの建設計画と飛州木材の反対運動

庄川は、合掌造りで有名な岐阜県白川郷・荘川村などを上流地点とし、富山県西部の砺波平野に流れ出る全長一三三キロメートルの河川であるが、この川の流れを利用して豊富に生産される岐阜県の木材運送を試みたのは高山の材木商中洞屋与七で、それは明治政府成立後間もない一八七三年のことであったと言われている。これを近代的木材販売組織として再出発させたのが、岐阜県郡上八幡町出身の材木商平野増吉であり、一九〇八年庄川木材株式会社の成立、さらに一九二〇年飛州木材株式会社の設立へと運んだものである。飛州木材株式会社は一九二一年他の木材会社を合併して資本金五〇六万円となり、地元経済界にも大きな力を発揮する存在となっていた。

庄川の発電水力に最初に目をつけたのは、地元富山県出身の実業家浅野総一郎であった。浅野はセメント会社を経営するかたわら、神奈川県の川崎運河や兵庫県の尼崎地先の埋立工事を実施するなど、近代重工業確立のための基盤整備にも大きな役割を果たし、その意味で近代日本の公害問題の歴史に大きく関与した人物でもあった。彼は、一九一六年富山県に水利権の出願を行ない、一九年に認可を受けるとさっそく調査を開始して、資金三五〇〇万円で小牧に当時東洋一と言われる高さ七九メートルの堰堤を築く計画を立て、この年資本金一〇〇〇万円の庄川水電を設立した。ただ、この計画は折悪しく勃発した第一次世界大戦後の恐慌の中で工事の一時中止に追い込まれる。こうした中、富山県で次々とダム工事を手がけていた日本電力株式会社（一九一九年設立）が浅野と交渉、庄川水電を子会社化して、二六年三月富山県の工事認可を受けて工事を本格化させた。また、同じころ小牧の上流祖山に昭和電力が祖山ダムの工事出願を行なった。

庄川の小牧ダム
（庄川水力電気株式会社・昭和電力株式会社『庄川筋に於ける流木問題に就て』1931年より）

飛州木材の専務平野増吉は、これまでにも各地で電力会社と流木などで紛争を経験していたのであるが、二六年五月富山県知事に対し堰堤実施設計認可取消請求の行政訴訟を提起、本格的な対決を開始することとなった。これより先三月には、すでにダム下部にある青島で製材・木工・工場経営者および村長が陳情書を提出して反対の姿勢を明らかにしており、飛州木材関係者の経営する『北陸タイムス』は「庄川堰堤反対の理由」を連載して世論に訴えていた。

一九二七年五月、富山県知事は、木材流下設備と魚道工事の完成を条件とし、それが実現するまで仮排水路の閉鎖不可を指令する。すなわち、この条件が満たされない限りダム本体の工事が完成しても、湛水は認められず、したがって発電も不可能になるという指令である。ここに木材流下装置と魚道の有効性に関する認識が最大の焦点となり、問題となった。この時期以降、反対側の人々は演説会・村民大会を開き気勢をあげるとともに、あるいは大挙しての反対陳情などを繰り返し、情勢は不穏の度を加えていく。飛州木材による加越線ポイント切断が実施され、そこを使わなければならない電力側の工事を妨害したのもこの時期のことであった。

庄川水電はこうした不利な情勢を挽回するため反撃に転じていく。たまたま流域に旱魃被害が生じたときには、ダムによるその回避の可能性を論じ、巨費を投じて発電ができないというのは、会社の迷惑のみならず、国家経済上も一大損失であること、県や町村が会社に課税できないことなどを訴えていったのである。こうした中、元貴族院議員田中清文・綿貫栄が反対運動から離脱し、また『北陸タイムス』の論調も転換した。二九年末には富山県会が発電促進の決議をあげ、三〇年四月には青島村で裁判取り下げの決議が行なわれた。一方、三〇年五月には岐阜県側の庄川・白川・清見村が発電促進派へ転換する。これは「百万円道路」と言って、実際には一二〇万円を電力側が負担し、岐阜県白鳥駅から白川村鳩ヶ谷までに三二キロメートルにわたる自動車道路をつけ、木材を岐阜県側へ陸送できるようにしたことが大きなきっかけとなった。

三〇年四月および六月には工事禁止仮処分をめぐる裁判が飛州木材側と庄川水電側とで相互に連続し、多くの参考人や証人等の意見を聴いているのであるが、最後は仮処分の取り消しが行なわれる。ただ、この後も飛州木材は最後までダム湛水後は木材の流送が完全に行なわれないことを立証するためさまざまな作戦を立て抵抗を重ねるのであるが、ついに、一九三三年八月和解に応じざるをえなくなった。

庄川事件の意味

庄川事件は、発電水力への社会的要請が急増する時代を背景とし、推進側・反対側双方がその主張においても、行動においても全力をあげて対決した事件であった。ただ、ここにおいては反対派の中で飛州木材が突出した行動力を示した点に大きな特徴を持っており、その電力側との攻防にどうしても目が奪われがちとなるが、それをこえてダム建設の是非をめぐる地元での論議のあり方全体に注目し、ダム建設と自然破壊という観点から、その歴史的意義を検討していかねばならないだろう。特に、仮処分をめぐる行政裁判所での論戦に、鉱山の煙害問題に林学の立場で取り組んだ鏑木徳二や、この時期ダムが山岳地帯の自然景観等に深刻なダメージを与えることに警鐘を発していた林学博士田村剛などが出てきていることには注意しておかねばならない。また、最後までダム建設に抵抗した飛州木材専務平野増吉の思想も大いに注目できるものであろう。

（5）石炭鉱害問題

石炭鉱業被害の拡大

一八九〇年日本坑法にかわって鉱業条例が制定されると、鉱業家は法的には地表権利者に拘束されることなく鉱区を占有することができるようになる。ここに鉱業家を育成し、鉱業の発展を図ろうという国の姿勢が明瞭となるのであるが、国のこの姿勢は、一九〇五年鉱業条例が鉱業法にかえられるといっそう徹底されることとなった。ちなみに、これらの法律は、モデルとした欧州法には存在していた鉱業被害に対する賠償規定をわざわざ省略していたものでもあった。

石炭採掘は銅などの非鉄金属とともに鉱業条例・鉱業法の対象とされていたのであるが、ほとんどの非鉄金属が山地に存在しているのに対し、石炭はその多くが平野部の地中に埋もれているため、その採掘は、地表の陥落をまねき、また選炭等の過程から生ずる鉱毒水などによって大きな被害をもたらす可能性を常に持っていた。とりわけ、日本の炭田の中心であった北九州の地域においては典型的にそれが現れた。

石炭採掘による土地の陥落被害は江戸時代すでに存在していたが、一九〇〇年前後のころから採掘高の著しい増加に伴って、古くから採掘が行なわれ、また規模も大きかった炭坑周辺では井戸水の枯渇、溜池・用水路・田畑・住宅などの陥落が目に付くようになってきた。第一次世界大戦中の好景気と産業活動の拡大した一九一〇年代後半以降になると、その傾向はさらにいっそう大きくなり、福岡県が調査したところによると、一九一七年陥落被害地は一八六二町歩（うち不毛地八七町歩）、鉱毒水被害地は九三三町歩にのぼっている（『福岡県鉱害問題調査報告一』）。この数値はその後さらに急速な増大を示し、一九年にはそれぞれ三三七五町歩（うち不毛地二七五町歩）、一一三四町歩となり、二九年には四九〇一町歩（うち不毛地九四二町歩）、二一七七町歩へと増大の一途をたどった。土地の陥落によって水田の中には、はなはだしい場合水面下に没し、あるいは湿田化し収穫量が半減、あるいは不毛地と化した。用水不足や排水不良も生じ、地下の水脈にも変動が生じた。また、鉱毒水や選炭排水などの流入によって土地の酸性化が進行し、これまた収穫量の激減をもたらしたのである。

石炭鉱害問題と被害者

このような鉱害の激甚化は、採掘規模の拡大のみならず採掘方法の変化によってももたらされたことが指摘されている（とりあえず永末十四雄『筑豊——石炭の地域史』日本放送出版協会、一九七三年）。すなわち、炭層を碁盤の目状に採掘し炭柱を残していく残柱式採炭法から、採炭効率をあげるため、幅広く空洞化するように採掘していく長壁式採炭法へと移り変わったため、地圧が全面にかかって陥落が促進されたということである。しかも、採掘後の空洞をボタなどで充塡することも、経費を惜しむ中で不十分にしか実施されなかった。石炭鉱害問題は、利益本位に展開した生産技術が環境破壊を促進するという、まさに近代日本の典型的な公害問題であったと言うべきであろう。

土地の陥落は、それが生じ始めると、落ち着くまでいかなる対応をとることもできなかった。ようやく落ち着くと、いよいよ農地は生産不能な状況に陥っていることもあったわけだが、そこに盛り土などをして行なう復旧工事の実施は大変な費用負担のかかるものであった。その費用を原因者である鉱業家に負担させればよかったのだが、はじめに述べたように、鉱業法にはその損害賠償の規定がなかった。しかも、地中にあるどの坑道の陥落がどのように地表に被害をもたらすのか、そのメカニズムの解明は決して単純なものではなかったから、土地陥落の責任を特定の業者に認めさせることはきわめて困難な課題であった。一九一四年福岡県庁に就職し、職員人生のほとんどを鉱害対策に費やし、戦後は九州鉱害復旧事業団理事として活動した坂本繁は、一七年に開坑した鉱業会社によって約二五町歩の農地の陥落と溜池一ヵ所ならびに当該集落の井水がすべて枯渇したため、一八年三月交渉委員を選出して損害賠償の交渉にあたったある地域の交渉日記を紹介しているが、訴えを受けた県当局も手を打つことなく、また当該会社もついに責任をとることがなかった。結局満五年以上の年月を費やして、二三年一〇月会社から金一封の見舞金贈呈を受けて交渉を打ち切り、この見舞金と県の補助金および自己負担によって農地二五町歩の復旧工事を実施した。被害者側は各自毎日この工事に出勤し、得た賃金中からその半額を工事費に充当してかろうじて資金不足に対処したと報告されている（坂本

繁「鉱害三十年史（1）」、九州鉱害復旧事業団『鉱害時報』3、一九五六年）。

鉱害を受けた農家の困難は以上のごとくであるが、そこにおいてもさらに地主と小作の利害関係が絡んでいたことを見ておかねばならない。多くの場合地主は小作人に負担をしわ寄せしたが、両者の間で小作料引き下げなどをめぐる紛争が激化したこともあった。ただ、小作人は炭坑によって賃労働者になっていることも多く、不毛地化したと言っても直ちに生活の行き詰まりとならなかったこと、あるいはまた他に小作希望者が常に存在したこともあって、交渉では弱い立場に立たされざるをえなかった。一方、鉱業会社の側も、こうした状況の中、鉱害地を買収し社有田として、紛争を抑えようとしていく傾向を強めた。

鉱業法の改正

一九二七年一月福岡県は『鉱業被害問題の焦点』を刊行して鉱害被害地の市町村役場・農会ならびに農政関係者に送付した。当初三〇〇部ほどしか印刷しなかったものであるが、大きな反響をよび、増刷を行なったと言われている。そこでは、鉱害農地の補償が不合理であることを具体的に指摘するとともに、鉱業権者を組織した復旧費積立金制度の新設が必要なこと、復旧には国の援助が必要なことなどが論じられていた。ようやく、鉱業権者と被害者という当事者同士の交渉にゆだねている状況から、進んで行政が鉱害の実情を把握し、対策を考慮する必要性が認識され始めたことを示していたと言ってよい。一九三一年には農林省農務局が『福岡県に於ける炭鉱業に因る被害の実情調査』を刊行し、正確な被害把握に努めようとしていたこともまた重要な動きであった。

しかし、鉱害に対する法制上、行政上の対応はなかなか進まなかった。一九二七年一二月以降福岡県知事・同県会議長から内閣総理大臣および農林・商工各大臣、貴衆両院議長に対し陳情書・請願書あるいは意見書などを提出し、鉱業法の改正をその都度求めたのであるが、鉱業権者の負担を法制化する法律改正は容易なことで実現する様子を見せなかった。また、被害が主として福岡県に限定されていることもこの改正を困難なものとする要因と見られていた。福岡県の職員としてこの運動に挺身していた先述の坂本繁の訴えに対し、福岡県選出の代議士でさえ誰一人誠意をもって対応してくれるものがいなかったという（坂本前掲（Ⅱ））。こうした中、一九二九年一一月福岡県知事は、関係各大臣に荒廃地復旧補助の陳情書を提出、鉱業法の改正から国庫補助要請へと運動の方向を転換する。鉱業権者の賠償責任を棚上げし、国にその肩代わりを要求するというものであった。県当局ではこの方向に対する問題点はよく認識しながらも、被害の程度がいよいよ深刻の度を加え、何らかの具体的施策が求められていたことを示すものでもあったと言えよう。国はこれに対し一九三三年度国庫予算のうち農林省予算にて農地改良費二万五〇〇〇円の補助金交付を決定する。しかし、その位置づけは決して鉱害補償ではなく、あくまで一般的な農業補助という枠にとどまるものであった。それでも、県では県費補助五万円とともに農地一二〇町歩の復旧工事を実施した。この仕組みは翌年度も続けられた。

一九三五年あたりから再度鉱業法改正の運動が始められる。福岡県では県知事・県会議員・関係市町村長・県農会・被害市町村農会・大手筋の炭坑責任者などによって構成される福岡県陥落地整理期成会が結成され（会長知事、顧問福岡鉱山監督局長）、鉱業法中に鉱害賠償に関する事項の挿入と国庫補

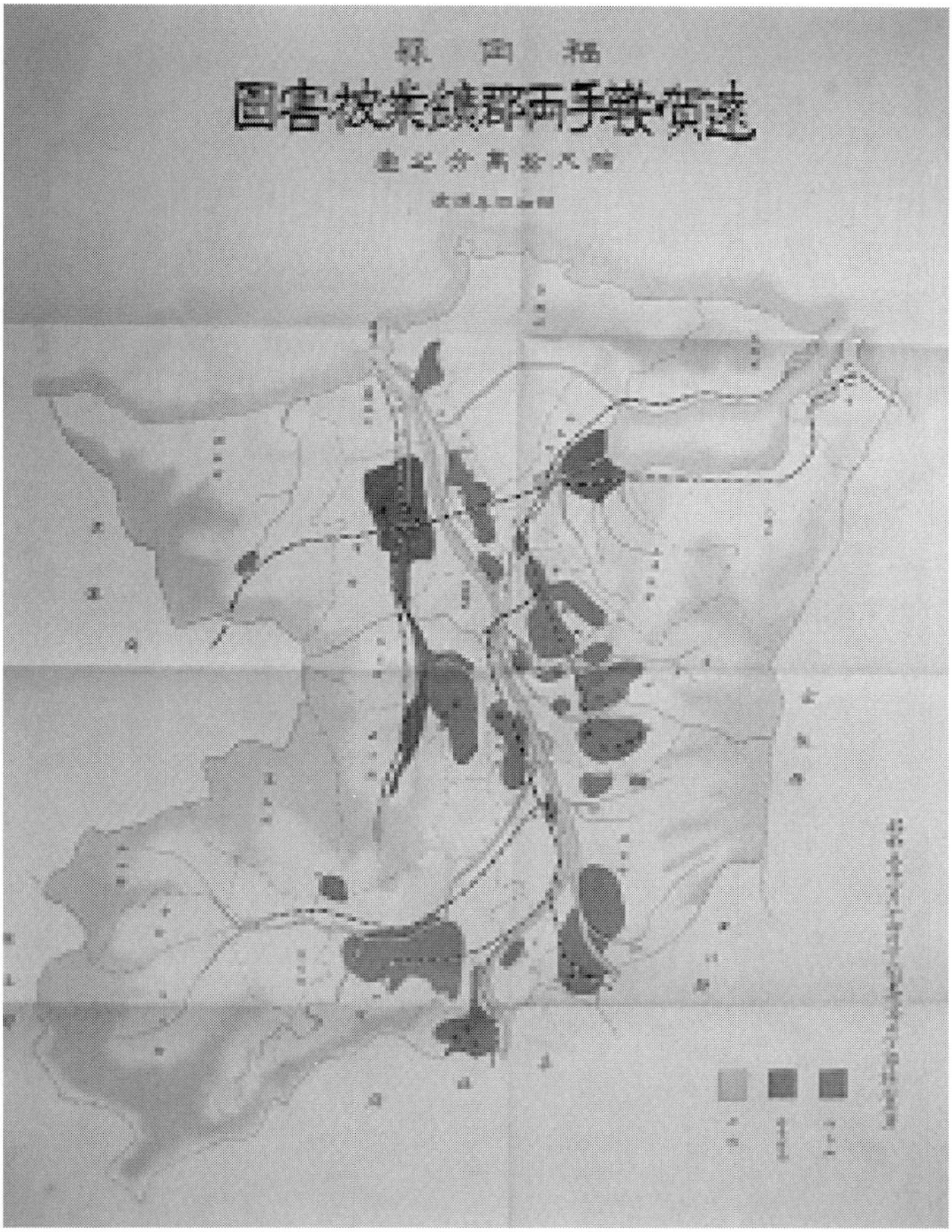

石炭鉱害被害地図（1930年）
（農林省農務局『福岡県に於ける炭鉱業に因る被害の実情調査』昭和６年　付図）

助金の交付を求めて政府・国会などに運動を重ねる。今度は鉱業権者側もこれに参加していたところに大きな特徴を有していた。国もまた、戦時経済下石炭増産のスムーズな実現を果たすため、鉱害に対する法制的な対策を確立する必要性を認識し始めていたのである。以下年表的に記すならば、一九三三年衆議院本会議で（六四議会）鉱業法改正に関する決議案可決、鉱業法改正委員会が設置される（六五議会）。三七年には商工大臣・同次官・鉱山局長・農林省農務局長・商工政務次官などの現地視察が続き、一〇月九日には勅令第五八六号で鉱業法改正調査委員会の官制公布、翌三八年一二月、鉱業法改正要綱および鉱害調停規定要綱が決定されて商工大臣に答申。三九年二月には鉱業法中改正案を衆議院に提出、三月七日に可決決定。さらに貴族院でも可決され、同年三月二三日法律第二三号として公布されたのである。

改正鉱業法では、無過失賠償責任制度が我が国で初めて設けられることとなり、また過去の鉱害にもその規定を適用することが認められた。こうして鉱害に対する賠償に法的な道が開かれたのであるが、時あたかも日中戦争から太平洋戦争の中、石炭採掘の急増とともに、なかなかその実効をあげることは難しく、戦後にさらに持ち越されることとなった。

2 戦後

（1） 水俣病

水俣病は戦後日本の公害事件の中でも世界で最もよく知られた公害である。一九七二年にストックホルムで開催された国連人間環境会議に日本の水俣病患者が出かけ、参加者に公害反対のアピールをしたニュースは広く世界に伝えられ、「ミナマタ」の名は「ヒロシマ」と並んで知られるようになった。

水俣病は日本の戦後復興から高度経済成長へと目覚しい発展を遂げた化学工業が引き起こした産業公害であるが、この水俣病がなぜ「公害の原点」とまで呼ばれるようになったかは、戦後日本の四大公害事件の二つまでを水俣病事件が占めていることからもうかがえよう。

水俣病の発見以前

水俣病の原因はアセチレンからアセトアルデヒドを製造する過程で副生された猛毒のメチル水銀を排水として海や川に流出したことにあるが、最初の水俣病を引き起こしたチッソ水俣工場がアセトア

不知火海上空より（水俣市）
（水俣市勢要覧編集委員会編『水俣市勢要覧』1966年より）

ルデヒドの製造を開始したのは一九三二年である。戦前、すでにチッソのアセトアルデヒド生産量は年九〇〇〇トンにも達していたが、水俣病と思われる患者発生の記録は一九四一年までさかのぼれるものの社会的に問題となるほどの発生状況ではなかった。最近の研究によれば、水俣工場からのメチル水銀排出量は助触媒の変更や母液の流出が原因で一九五一年に急増したことが分かっている。

水俣病の発見と有機水銀説

水俣病の公式発見はチッソ水俣工場付属病院から水俣保健所へ「原因不明の中枢神経疾患が多発している」との報告があった一九五六年五月一日である。その年末までに、同様の患者は五四人確認された。

当初、水俣病は「奇病」と呼ばれ、まず伝染病が疑われたが、まもなく伝染性疾患の疑いは薄くなり、熊本大学医学部からは中枢神経系の症状をもとにマンガン中毒や、タリウム中毒、セレン中毒などの説が相次いだ。そして、ようやくイギリスのメチル水銀中毒症例報告と排水口泥土から高い濃度の水銀を検出したことから、熊大研究班が有機水銀説（メチル水銀は有機水銀の一種）を正式に発表したのは一九五九年七月であった。

しかし、チッソは旧海軍が投棄した爆薬が原因（実際は投棄されていなかった）と主張したり、アセトアルデヒド工場は水俣以外にもある（後に他の地域の工場も問題となった）とか、検出されたのは無機水銀であって有機水銀ではない（当時、有機水銀の微量測定はできなかった）という理由で有機水銀説を一切認めようとしなかった。さらに、腐った魚介類を食べたためとする有毒アミン説を主張する清浦雷作ら学者たちの説（証明できないまま立ち消えとなった）にも助けられ、原因究明は引き延ばされる一方であった。一方、チッソの中でも早くから付属病院長の細川一らによって工場排水を直接ネコの食餌にかけて食べさせる実験が行なわれており、一九五九年一〇月にはネコ四〇〇号が発症していたが、チッソは有機水銀説への反論を続けるだけで、この事実を公表しなかった。

さらに、チッソは一九五八年九月に水俣湾に流していた排水路を北側の水俣川に変更したため、メチル水銀を含む排水は直接不知火海に流出し、患者発生地域が水俣より北側にまで広がった。漁民らの抗議で一年後に元に戻されたが、被害の拡大を招いた象徴的な出来事であった。排水路が元に戻った直後の五九年一二月、チッソはサイクレーターという排水浄化装置を取り付け、完成式で社長自ら水を飲んでみせるというパフォーマンスも行なって、「もう排水はきれいになった」と思わせた。この装置が水銀除去にまったく効果のないことは、一九八五年になって設計者自らが法廷で証言している。この間、アセトアルデヒドは増産に継ぐ増産で、一九六〇年には四万五〇〇〇トンにも達した。

しかし、熊大による有機水銀説の発表は漁民の補償要求に火をつけ、一九五九年八月と一〇月の二回の漁民闘争が起こった。一方、患者たちは厚生省食品衛生調査会も有機水銀が原因と結論したのを受けて、一一月二五日に一律三〇〇万円の補償要求を出したが、漁民闘争も終わった孤立の中では、年末の一二月三〇日に熊本県知事らの調停案を受け入れるほかなかった。この契約は後に契約書の中にある見舞金（成年の年金一〇万円など）の文言から「見舞金契約」と呼ばれ、その中の「将来水俣病がチッソの工場排水に起因することが決定した場合においても新たな補償金の要求は一切行わない」との第五条は、後の判決で公序良俗に反し無効とされた悪名高い条文である。

見舞金契約以後もメチル水銀は流され続け、被害も拡大していったが、「補償は終わった、サイクレーターもついたので水銀はもう出ない、患者ももう出ない」との認識がチッソや行政だけでなく、一般市民やマスコミも含めて、これ以後一〇年間支配した。実際、この間に認定されたのは胎児性患者（母体内でメチル水銀が胎児期に移行して乳幼児期に発症）だけであった。

第二水俣病の発生と政府公害認定

その後、熊大研究班は無機水銀の有機化の追究に力を注いでいたが、偶然にも保存していた酢酸工場のスラッジからメチル水銀を抽出したため、一九六三年二月にメチル水銀化合物が原因であることが確定したと正式に発表した。しかし、それまで有機化の機序にこだわっていたはずのチッソも国も熊本県もこの発表を無視し、何の対策も取らなかったが、その年の一〇月ごろから新潟県阿賀野川流域で第二水俣病が発生し始める。新潟水俣病の公式確認は新潟大学の椿忠雄らが新潟県に報告した一九六五年五月三一日である。

新潟水俣病では、新潟県が水俣病の教訓を活かして魚介類採捕規制や流域住民の健康調査など早くから行政指導の手を打ち、原因究明も新潟大学と共同で早期に昭和電工鹿瀬工場からのメチル水銀であることを突き止めた。しかし、新潟水俣病においても原因確定を遅らせる異説が登場した。北川徹三による農薬塩水くさび説と呼ばれるもので、新潟地震で流出した水銀農薬が海水と淡水の比重の差で阿賀野川河口部を汚染したというものであった。以後、昭和電工はこの説を工場排水説に反論する根拠とした。一方、新潟水俣病では患者と支援者の動きも早く、一九六七年六月には四大公害訴訟のトップを切って裁判に踏み切った。

このころ、水銀を触媒とするアセチレン法にかわって、各社ともコスト面からエチレン法に転換しつつあった。昭和電工は一九六五年一月にアセチレン法による生産を停止したが、チッソの生産停止は最も遅れて一九六八年五月であった。政府が二つの水俣病を工場排水中のメチル水銀による公害病と認定したのは、その直後の九月二六日である。実に、水俣病の公式発見から一二年五ヵ月、有機水銀説発表から九年二ヵ月が経っていた。

認定申請の急増と認定基準の変更

政府公害認定の後、一九六九年に公害健康被害救済法（救済法）が公布され、これに基づいて公害認定審査会がつくられ、一九七〇年からようやく水俣病の公害認定制度がスタートした。本人からの申請が前提であったが、申請者は次第に増えていった。しかし、審査会ではイギリスの職業病症例の症状が揃っていることを基準にしたため、申請しても認定される患者は少なかった。これに対し、劇症で亡くなった父と自らも棄却された川本輝夫は行政不服審査請求を起こし、一九七一年八月に大石武一環境庁長官の棄却処分取消裁決と「有機水銀の影響が否定できない場合は認定せよ」との事務次官通知を引き出した。なお、環境庁の発足は同年七月で、それまで水俣病の所轄官庁は厚生省であったが、以後は環境庁（二〇〇一年以後は環境省）の所管となった。

これ以後、申請者はさらに増え、認定率も上昇したが、患者救済の進んだ時期は長くは続かなかった。

政府公害認定後、一九六九年には新潟に続いて熊本水俣病の患者も提訴した。新潟の判決は七一年九月、熊本の判決は七三年三月で、いずれも患者側の勝訴であった。七三年の夏には、判決に基づき患者と原因企業（昭和電工・チッソ）の間で補償協定が結ばれ、以後公害認定された患者にも適用されることが決まった。しかし、その直前の五月、熊本大学第二次研究班の検診から「有明海に第三水俣病」との報道が流れ、翌七四年六月に環境庁の分科会が関係者の反対を押し切って第三水俣病を否定するという事件が起こった。

これを境に審査会では保留が一挙に増え、急増する申請とあいまって認定審査が滞ったため、不作為の違法判決まで出る事態に至った。これに対し環境庁は棄却をしやすくするために認定基準をさらに厳しくする道を選び、一九七七年に「後天性水俣病の判断条件」を出した。水俣病患者に最も多い感覚障害だけでは水俣病と認めず、他の典型症状との組み合わせを必要としたもので、これにより棄却が急増したことは言うまでもない。

未認定患者の闘いと行政責任

こうして一九八〇年ごろには審査会の認定が一割を切り、棄却が六割にも達したため、行政認定に希望を持てない未認定患者は司法に救済を求めた。八〇年には熊本第三次訴訟、八二年には新潟第二次訴訟が起こされ、さらに八二年の関西訴訟を皮切りに、東京、京都、福岡で、現地から全国に移住した人々からの提訴が相次いだ。これら未認定患者の訴訟では、初めて水俣病に対する国（熊本水俣病では熊本県も）の行政責任が問われた。

最初に出た一九八七年の熊本第三次訴訟第一陣の判決は全員を水俣病と認め、漁獲・販売禁止と排水規制を怠った行政の不作為も認めた。国と熊本県が控訴したため、患者の救済はさらに先送りされたが、村山連立政権の一九九五年になり、やっと政府も未認定患者問題の決着に乗り出し、同年末に政府最終解決案を提示した。しかし、その内容は行政責任を棚上げにし、裁判と認定申請の取り下げを条件に、水俣病とは認めないまま、感覚障害等の対象者に原因企業が二六〇万円の一時金を支払うという政治的決着を優先したものであったが、亡くなる患者も増え、長い闘争に疲れた主な患者団体はこれを受諾した。しかし、同じころ、裁判所の調停で薬害エイズでも和解が行なわれたが、その額は四五〇〇万円で、水俣病の和解金額の低さが際立った。一時金の受給者は最終的に一万一〇〇〇人にのぼった。

一方、関西訴訟の患者五八人だけは和解を受け入れず、水俣病の認定と行政の責任を求めて裁判を続ける道を選んだ。大方の予想に反して、二〇〇一年四月、大阪高裁は国・熊本県の排水規制を怠った責任を認めるとともに、現行認定基準と異なる基準で原告の多くを水俣病と認定する判決を出した。国・県は上告したが、二〇〇四年一〇月の最高裁判決も排水規制の行政責任と感覚障害が大脳皮質の損傷によるとの高裁判決を追認した。

この結果、行政責任を棚上げにした一九九五年の政治解決策の根拠が崩れたばかりか、行政の認定基準である一九七七年の判断条件の見直しが焦点となった。しかし、国は認定基準の見直しを拒否し、感覚障害を主とする患者に医療費のみ支給という新対策で乗り切ろうとした。この新対策に応じた人は、二〇〇八年一月で一万二〇〇〇人に上ったが、新対策に応じず認定申請をする人も急増し、熊本・鹿児島両県で五五〇〇人を超えた。しかし、最高裁で勝訴した関西訴訟の原告ですら、行政はいまだに認定していない。さらに認定申請した人たちの中からは新たな国家賠償訴訟も起こされており、まずは認定基準を見直し、行政責任を踏まえた救済策に踏み込まない限り、国の水俣病対策はさらに混迷を続けるであろう。公式発見から五〇年を経ても水俣病は終わっていないのである。

(2)　イタイイタイ病

イタイイタイ病は日本の公害病認定第一号であり、イタイイタイ病裁判は四大公害裁判の先頭をきって被害住民原告が勝訴した裁判である。その意味では「現代日本の公害の原点」であり、近代日本の鉱害の原点とされる足尾鉱毒事件に匹敵する公害事件と言える。

イタイイタイ病裁判

イタイイタイ病は一九一二年ごろから発生していた。富山県婦負郡婦中町（現富山市婦中町）の神通川左岸にある萩野病院の萩野茂次郎は、一九三五年ごろからこの奇病に注目し、鉱毒が原因ではないかと周囲にもらしていた。一九四六年に萩野昇は中国から復員して、婦中町萩島で父・茂次郎の家業を継いで診療を始めたが、驚いたことに外来患者の七〜八割までが神経痛様の患者であった。その後、萩野昇は神通川へ目を向けるようになり、患者の発生地点を地図上に打点すると、神通川流域の一定地域に集中することに注目して疫学的研究を進めた。そして、一九五七年の富山県医学会で「イタイイタイ病は神通川の水中に含まれている亜鉛・鉛などの重金属によって引き起こされるものである」というイタイイタイ病鉱毒説を初めて発表した。

さらに、一九六一年に萩野昇は吉岡金市と連名で、日本整形外科学会で初めてイタイイタイ病カドミウム等説を発表した。同年、富山県は「富山県地方特殊病対策委員会」を発足させた。一九六三年には厚生省が「医療研究イタイイタイ病研究委員会」を、文部省が「機関研究イタイイタイ病研究班」を発足させた。一九六六年に「富山県地方特殊病対策委員会」を加えた三つの研究グループは合同会議を開き、「イタイイタイ病の原因物質としてカドミウムの容疑が濃いが、……カドミウムの単独原因説には無理があり、……栄養上の障害も原因の一つと考えられた」とする「カドミウム＋α説」を発表した。

イタイイタイ病カドミウム説が発表されても、被害者らの運動はなかなか起こらなかった。その理由は、「騒ぐと米が売れなくなる」、「嫁のもらい手がなくなる」、「相手が大企業の三井であるから」などであった。被害者の家族や患者の遺族を中心とする住民は、一九六六年にイタイイタイ病対策協議会を結成し、会長に小松義久を選出した。一九六七年五月と八月にイタイイタイ病対策協議会は三井金属鉱業と集団交渉を持ったが、鉱山側の態度は冷ややかであり、傲岸無礼そのものであった。

一九六七年八月に婦中町出身の島林樹弁護士と接触を持ち、一〇月には新潟水俣病裁判の現場検証に参加し、新潟水俣病患者との交流で激しい感動を覚えた小松会長らは、一二月に提訴を決意した。一九六八年一月には、全国から集まった二〇人の弁護士からなり、高岡市の正力喜之助弁護士を団長とするイタイイタイ病弁護団が結成された。三月九日、まず患者九人と遺族二〇人の計二九人が、三井金属鉱業を相手に六一〇〇万円の慰謝料請求提訴に踏み切った。

提訴直後の一九六八年五月に厚生省は、『富山県におけるイタイイタイ病に関する厚生省の見解』を発表し、「イタイイタイ病の本態は、カドミウムの慢性中毒により腎臓障害を生じ、次いで骨軟化症をきたし、これに妊娠、授乳、内分秘の変調、老化および栄養としてのカルシウム等の不足などが誘因となってイタイイタイ病という疾患を形成したものである」とし、「患者発生地域を汚染しているカドミウムについては、……自然界に由来するもののほかは、神通川上流の三井金属鉱業神岡鉱業所の事業活動に伴って排出されたもの以外にはみあたらない」とした。

イタイイタイ病裁判は、第一回口頭弁論が一九六八年五月に開かれ、以後三六回の口頭弁論と四回の現場検証を経て、一九七一年六月三〇日に富山地方裁判所で四大公害裁判の先頭をきって、患者・遺族の勝訴判決が下された。判決は、被告・三井金属鉱業の鉱業法第一〇九条に基づく無過失賠償責任を認め、原告二九名の訴額六一〇〇万円に対して、約五七〇〇万円を三井に支払うように命じた。しかし、三井金属鉱業は第一審判決を不服として、即日、名古屋高等裁判所金沢支部に控訴した。控訴審は一二回の証拠調べと口頭弁論を経て、一九七二年八月九日裁判所は三井金属鉱業の控訴を棄却し、再び原告側が勝訴した。三井金属鉱業は、上告を断念し、第二次以下の訴訟も判決内容に従って補償するという見解を表明した。

そして、判決翌日の三井本社交渉では、被害住民の基本的要求をすべて盛り込んだ下記の二つの誓約書と一つの協定書が締結された。「イタイイタイ病の賠償に関する誓約書」は、二次から七次までの原告と裁判をしていなかった被害者に関する賠償問題を一挙に解決した。「土壌汚染問題に関する誓約書」は、汚染土壌復元の復元とそれに伴う農業の損害補償を行なうとともに汚染による損害の補償もすることを約束した。「公害防止協定」は、住民の立入調査と資料公開を認め、被害者が直接発生源を監視していく権利を確立した。

イタイイタイ病患者の認定と医療救済

国は一九六八年の厚生省見解発表後、イタイイタイ病を公害疾病と認め、一九六九年に「公害に係る健康被害の救済に関する特別措置法」（救済法）を制定、翌年施行し、認定患者に対して同法に基づく救済措置をとったが、真に公害病患者を救済するものではなかった。被害住民は「イタイイタイ病の賠償に関する誓約書」に基づき三井金属鉱業と交渉を持ち、一九七三年に「医療補償協定」を締結し、患者の要求にそった医療救済がなされるようになった。医療補償協定に基づき三井金属鉱業が支払った賠償金は、一九七一〜九七年の累計で約七八億円に達する。

この医療補償は、救済法および一九七四年からは「公害健康被害補償法」に基づく富山県認定審査会で認定された患者と、判定された要観察者に対して行なわれる。認定条件は、一九七二年の環境庁企画調整局公害保健課長通知による四項目（1.カドミウム濃厚汚染地域に居住する、2.次の3、4が青年期以後に発現した、3.尿細管障害が認められる、4.骨粗しょう症を伴う骨軟化症の所見が認められる）である。認定四条件のうち、三条件まで満たし、第四条件の骨所見を満たさない者は、将来イタイイタイ病に発展する可能性を否定できない者として、経過を観察する必要がある要観察者として判定される。二〇〇二年までに一八六（生存四）名の患者が認定され、三三五（生存四）名の要観察者が判定された。

農業被害補償と土壌復元事業

被害住民団体と弁護団は、「土壌汚染問題に関する誓約書」に基づき作付停止に伴う損害賠償、減収補償等を求めて、三井金属鉱業と交渉を行ない、一九七三年に「作付停止田に対する損害賠償に関する協定書」を締結した。一九七四年には「過去の農業被害補償に関する覚書」も締結した。これら賠償金は一九七一～九六年の累計で約一七〇億円に達する。

一方、カドミウム等重金属で汚染された土壌を復元することは、農業と人体の被害を未然に防止するために、また農家の生活を確保するためにも、早急に実施する必要があった。一九七四年に富山県は神通川左岸約六五〇ヘクタールを土壌汚染防止法に基づく指定地域としたが、被害住民はこの地域指定が汚染実態と合致しないとして、県に補充調査を実施させ、一九七七年までに神通川右岸も含めて約一五〇〇ヘクタールの面積を指定させた。

しかし、被害住民の度重なる要求にもかかわらず、富山県は土壌復元事業に着手せず、ようやく一九七九年からパイロット（第一次）事業として九一ヘクタール（約二四億円）の復元に着手し、一九八四年までかかった。第二次事業の四四二ヘクタール（約一〇一億円）は一九八三～九四年に実施され、第三次事業は残る約九六八ヘクタールの内約五三一ヘクタールが農地以外に転用され、約四三七ヘクタール（約二五四億円）が一九九二年から一三年かかって行なわれる計画である。二〇〇六年現在、約九〇七ヘクタール（九四パーセント）が復元され、復元費用合計は約三五七億円に達し、うち企業負担額は約一四一億円（三九・五パーセント）である。

現在も操業を続ける神岡鉱山の鹿間工場
(2001年1月，畑明郎撮影)

公害防止対策の進展

裁判後も操業を継続する神岡鉱山（上の写真）の無公害化は、不可欠のことであり、土壌復元後の農地を再汚染させない必要条件であった。そこで、公害防止協定に基づき一九七二年から毎年、全体立入調査が実施され、二〇〇七年で三六回を数えるに至り、その参加者は被害住民が延べ六五〇〇名、専門家が延べ二一〇〇名に達した。一九七四〜七八年の間、神岡鉱山の発生源対策を五つのテーマで調査研究する各大学への委託研究も実施された。一九八〇年以降は委託研究班を再編成した協力科学者グループが、被害住民や弁護団とともに専門立入調査を年一〇回程度行なってきた。

公害防止協定に基づき三井金属鉱業が費用負担した立入調査、委託研究および分析費用は、一九七二〜二〇〇一年の累計で約二・六億円に達し、これらの調査研究に基づく科学者の提言により、三井金属鉱業が投資した公害防止投資額は約一四〇億円に達する。その結果、神岡鉱山のカドミウム排出量は、一九七二年の約六〇キログラム／月から二〇〇七年の約四キログラム／月へと五分の一に減少し、神通川水質のカドミウム濃度も一九六九年の一ｐｐｂレベルから二〇〇七年の〇・〇七ｐｐｂレベルへと一〇分の一以下に減少し、非汚染の自然河川並に改善された。神岡鉱山の汚染負荷はゼロではないが、神通川水質への影響はほとんど無視できるようになった。

（3）　四日市公害

四日市公害は過去のものか

「四日市公害は終わった」「四日市公害は過去の話だ」「公害は克服された」などという声が、四日市で聞かれることがある。確かにかつてスモッグで覆われた灰色の空は現在では見られず、公害のイメージは感じられなくなっている。四日市市役所に置かれていた各地区の硫黄酸化物の検出値を示したボードも知らぬ間に撤去され、一九九三年に開館した四日市市立博物館には、公害に関する展示はごく一部のパネル以外ほとんどなされていない。ようやく二〇〇三年に四日市市公害資料室が開室されたが、専門の職員は置かれておらず、市民の関心も薄い。

果たして四日市公害は過去の話で、公害は克服されたのであろうか。そもそも四日市公害とはどのような公害で、なぜこの地に公害が発生したのか、さらにどのような歴史的展開をしたのか。ここで四日市公害の歴史を振り返っていきたい。

四日市石油コンビナートの建設

四日市市は三重県北部に位置する人口約三〇万人の県内第一の都市である。縄文・弥生時代をはじめとする考古遺構も多々検出され、当地は古代から開かれていた。四日市の地名は室町時代からみえ、伊勢湾内の重要な湊であった。江戸時代は東海道の四三番目の宿駅となり、宿場町・港町として繁栄した。近代に入ると港湾が整備され、国際貿易港として伊勢湾内の有力な港湾都市となった。また、富国強兵政策とあいまって周辺には紡績業・製糸業が展開し、臨海部の埋立地は重化学工業地域となった。一九三一年には第二海軍燃料廠が四日市南東部の海岸地域の塩浜地区に設けられた。軍需工場であるこの燃料廠は、戦前最大の製油能力を持ち、一九八万平方メートルに及ぶ敷地を有していた。

戦後太平洋岸の製油所再開がGHQに認められ、石油各社によって第二海軍燃料廠跡地の払い下げ争奪戦が展開する。この跡地利用については五年に及ぶ国会での論議が繰り広げられた末、一九五五年、政府は昭和石油に払い下げた。そして翌年、昭和石油・シェルグループ・三菱グループの資本参加で、昭和四日市石油株式会社が設立され、当時国内最大規模の製油所が誕生した。さらに、通産省が進めていた石油化学工業育成策とあいまって、塩浜第一コンビナートが建設された。こうして四日市は石油化学工業の基地となり、また三重県・四日市市の工場誘致活動の推進により、重化学工業化を中心とした地域開発が進行していった。

一九六一年には午起《うまおこし》埋立地に第二コンビナートが建設され、六三年から操業開始となった。同コンビナートは、大協石油・協和発酵工業との合弁会社による大協和石油化学と中部電力三重火力発電所とで構成されていた。さらに一九六七年その北部の霞ヶ浦《かすみがうら》埋立地に新大協和石油化学など八社で第三コンビナートが建設されることになり、七二年から本格稼動していった。

公害の発生と反対運動

一九五九年塩浜第一コンビナートの本格的操業が開始する。当時の人たちは、このコンビナートの設置は四日市の発展につながるものと確信していた。しかし、このコンビナートの出現が、公害という社会的な大きな負の遺産をもたらすものとは想像もしていなかった。

まず公害の影響は漁業に現れた。四日市周辺で獲られる異臭魚問題は以前から見えていたが、一九五九年暮れごろから異臭魚が増え、翌六〇年には東京の築地や地元市場で苦情が頻出し、買い叩きやキャンセルで、被害総額は八〇〇〇万円から一億円に及んだと言う。

そして四日市公害の中心となる大気汚染も操業とともに現れた。工場から出るばい煙・騒音・悪臭に住民たちは悩まされるようになる。市役所への苦情が相次ぎ、三浜小学校では騒音のために授業ができなくなることもあった。さらに六一年ごろからはぜん息患者が急増していった。これはコンビナートが製油能力を増強するため、燃料を石炭から石油に転換したからであった。これによって大気中の亜硫酸ガス（SO_2）の濃度が激しく上昇していった。塩浜地区住民アンケートでは、五〇パーセントの住民が安眠できない、四〇パーセントが悪臭・ガスのための頭痛を訴え、四〇パーセントがばい煙等によって洗濯物が干せないとし、その他、子供のぜん息や耳鳴り、食欲不振などの症状が示され

民家に接して操業する工場
（四日市公害記録写真編集委員会編『四日市公害記録写真集』1992年より）

ている。当時のぜん息患者の日記では、夜中にぜん息が出て、車で新鮮な空気を得るため山へ逃れ、明け方に自宅に帰るということも記されている。

　四日市市はこうした公害の出現に、一九六〇年に市議会議員・企業代表・学識経験者からなる四日市公害防止対策委員会を設置し、四日市公害（ばい煙・排ガス・騒音等）を防止するための調査および諮問を行なった。また、六三年にはばい煙規制法の第二次地域指定の基礎資料づくりのため、厚生大臣・通産大臣からの委嘱で特別調査員（黒川調査団）が派遣された。これによって翌六四年から四日市はばい煙規制法指定地域となるが、同法はザル法で根本的解決には結びつかなかった。

　一方、市民の公害反対運動も広がっていく。六一年には四日市総連合自治会が公害の防止対策の早期実施を求める決議を行ない、市長に要望書を提出する。また労働組合や政党なども反対運動を展開する。六三年には「漁民一揆」と呼ばれる中部電力三重火力発電所の排水口封鎖事件が起こり、公害への怒りが高まる。同年には三泗《さんし》地区労・社会党・共産党・革新議員団で四日市公害対策協議会が設立され、「公害をなくす市民集会」も開催された。

　一九六四年、当時公害患者を認めない状況に自らの体の解剖を役立てるように遺言をしていた公害病患者古川喜郎が亡くなる。その結果ロンドンのスモッグ死亡者と症状が酷似していることが分かり、四日市公害最初の犠牲者となった。この古川の死亡により公害病患者への医療救済が求められ、一九六五年に四日市市は医療負担を全面的に行なう公害認定患者制度を新設した。

しかし、公害反対運動をよそに、一九六五年に新市長となった九鬼喜久男は、開発工場誘致が堅い信念であった。九鬼市長は第三コンビナート誘致に奔走し、「新しいコンビナートでは公害は出ない」と公言し、強行採決でこれを決定した。また労働組合も反公害運動から離れ始めていった。

四日市公害裁判

こうした公害状況が悪化する中、磯津地区の公害患者九名が一九六七年、塩浜コンビナート六社を相手取り公害訴訟を行なう。磯津は塩浜コンビナート南部に位置する漁師町で、コンビナートからの亜硫酸ガス（SO_2）の影響を直接受け、公害患者を多く生み出していた。

裁判は四年五ヵ月に及ぶが、「四日市公害訴訟を支持する会」による支援が行なわれ、市民による支援運動も繰り広げられた。また澤井余志郎を中心とした「四日市公害を記録する会」による記録活動は、公害患者・住民と裁判をつないでいき、さらに「四日市公害認定患者の会」ができて認定患者の組織化がなされた。しかし、その間にも四日市での公害に関する問題が起こる。一九六九年田尻宗昭課長をはじめとする四日市海上保安部は、塩酸を含む排水をたれ流した日本アエロジル四日市工場を、さらに硫酸をたれ流した石原産業を摘発した。こうしたたれ流しが平然と行なわれていた実態が明らかになり、当時四日市の海は死の海と化していたのであった。

四日市公害裁判の争点は、①原告の病気と被告工場のばい煙の因果関係、②コンビナートを中核とする複数の工場群に共同不法行為が成立するか、の二点であった。一九七二年七月二四日津地方裁判所四日市支部米本裁判長により、原告側全面勝利の判決がなされた。この判決では、①・②の認定とともに、企業の立地・操業上の過失、国・自治体の責任も認められた。そして、判決文では「人間の生命・身体に危険のあることを知りうる汚染物質の排出については、企業は経済性を度外視して世界最高の技術・知識を動員して防止措置を講ずるべき」と述べられ、この判決は高度経済成長期の経済優先策への警鐘となった。

判決の影響はその後の環境行政に現れた。通産省はコンビナートの総点検・監視を行なうようになり、環境庁は環境基準の見直し、三重県は公害緊急対策・抜本対策に取り組み、また総量規制の実施、四日市市は被害者救済・公害防止条例の制定などを行なっていった。また、コンビナートは排煙脱硫プラントを導入するなど亜硫酸ガス（SO_2）排出の抑制に努めた。

一方、磯津地区だけでなく全市的に展開させる二次訴訟の動きもあったが、終息していった。

四日市公害はなくなったのか

そうした結果、四日市の硫黄酸化物の数値は減少していった。かつてのスモッグに覆われた空も青空が見えるようになり、悪臭も以前に比べ感じられなくなった。冒頭に述べたように、現在四日市では公害ということに対しては市民も関心が薄くなり、四日市公害は過去の話のようになっている。また一九八八年には公害認定患者制度の新規認定も打ち切られた。しかし、このように公害が感じられなくなったのは、行政の力やコンビナートの企業の努力でのみなされたものであろうか。もし、九名の公害患者による訴訟がなければ、現在のようになっていただろうか。行政や企業が率先してこのような規制強化をしたり、脱硫装置などを取り付けたりしたのだろうか。こうした住民の力を忘れてはならないのである。

果たして四日市公害はなくなったと言えるのだろうか。現在でも五〇〇人近い公害患者の方たちが苦しんでいる。また、二〇〇五年に発覚した石原産業のフェロシルト問題・四日市市大矢知地区での大量の産業廃棄物の不法投棄問題など、市民が知らないうちにこうした「公害」がまきちらされているのである。企業のごまかし、また環境行政や事前のチェックで問題発生を食い止めることができたのに、事が起こらなければ行政機関は動かない姿勢。体質は変わっていない。「四日市公害は過去のこと」と切り捨てるのではなく、今こそ四日市公害から学ばなければならないのである。

(4) 大阪空港騒音問題

大阪空港騒音公害とその裁判

一九五八年に米軍から返還を受けた大阪空港（もと大阪第二飛行場）は、関西財界からの強い要請で翌五九年七月に第一種空港に指定され、大阪国際空港となった。一九六四年六月一日にはジェット機の就航が開始され、空港の北側で離陸直下に位置する兵庫県川西市、南側で着陸直下に位置する大阪府豊中市の各住民は日夜航空機騒音や排ガスに悩まされることになった。その被害地域は広く、被害者の数は膨大であり、その被害内容も家庭生活や子供たちの授業が妨げられるといった日常生活上の支障はもちろん、難聴、鼻血といった健康被害にまで及んでいた。

激甚な被害に苦しんだ住民は、一九六九年一二月、空港を設置管理する国を被告として、①航空機の午後九時から翌朝七時までの夜間飛行の禁止、②過去の損害賠償一人一律五〇万円、③将来の損害賠償として、夜間飛行が中止され、航空機騒音が原告居住地において六五ホンになるまで、一人一ヵ月一万円の支払いを求めて、大阪地裁に裁判を起こした。

川西市の住民二八名から始まったこの裁判は、豊中市の住民も合流して、第一次から第四次までで原告数は合計約四〇〇〇名に及んだ。

大阪地裁は、四年余りの審理の後、一九七四年二月二七日に判決を言い渡した。判決は、人格権を根拠に午後一〇時から翌朝七時までの飛行差止を認め、また、損害賠償については、過去分のみを認めた。この判決までに、被害住民は全国各地の公害被害者をはじめとした多くの支援のもとに運輸省や環境庁に交渉を繰り返し、その成果として七二年四月に運輸大臣は午後一〇時以降翌朝七時までの郵便機を除き飛行を禁止する措置をとっており、また判決直前にはその深夜郵便機も飛行中止すると発表していた。このことから、判決は人格権により、飛行禁止を認めたとはいうものの、これらの行政処分を追認したものにすぎないと評価されるものであったため、原告住民らは、棄却された午後九時から午後一〇時までを「命の一時間」として控訴した。それを受けた大阪高裁は、一年余りの集中審理の後、一九七五年一一月二七日に判決を言い渡したが、一審判決と違って、行政に対し、現実に行なっている時間帯での航空機の飛行禁止を命じるという画期的なものであった。また、将来請求についても、午後九時からの飛行禁止が行なわれるまでだけでなく、航空機の減便等の運行規制について合意が成立するまでの分も認めたが、それは国に対して住民との話し合いにより、運行ルールを決めるように促したものと言える。

国は、判決直後の七六年七月から午後九時以降の空港の供用を停止し、住民の「命の一時間」の悲願は事実上達成されたが、控訴審判決を不服として、最高裁に上告した。

最高裁では、当初小法廷で審理された後、一九七八年五月に弁論が開かれいったん結審となったものの、その後、大法廷へと回付された。その大法廷でも七九年に弁論が開かれいったん結審した後、四人の裁判官が定年などで交代したとして、八〇年一二月三日に再度弁論が開かれ、八一年一二月一六日に大法廷判決が言い渡された。その結果は、差止請求自体を却下とし、また将来請求も訴却下とした。認められたのは過去の損害賠償だけであったが、それも、危険への接近理論で二名の原告について原審に差し戻すというものであった。

最高裁での審理が、三つの法廷を経由し、それぞれで弁論を行なったというのはきわめて異例であり、そこで出された判決にも通常あまりない反対意見や補足意見が付けられていた。このことから、判決に至る合議が紛糾したことは明らかであり、またその判断に政治的な思惑が絡んでいたであろうことは想像できることであったが、いずれにしてもこの判決でこの裁判は事実上決着を見ることになった。その後は、大阪地裁に残っていた第四次訴訟について、一九八四年三月一七日に国が損害賠償金を払うという内容での和解が行なわれ、すべての裁判は終了した。

裁判の意義とそれを取り巻く状況

本件空港をめぐっては、ジェット機就航以前にも大きな問題が生じていた。本件空港が第一種空港に指定されるや、関西財界は関西経済の地盤沈下を回復する起爆剤として機種の大型化、ジェット機化、便数の増大を図るために、空港拡張を企画し、運輸省もその計画を発表した。その拡張地の対象である豊中市勝部地区は、専業農家が多い地域であったため、そのことにより、多くの農家が廃業の危機を迎えるとのことで、強力な反対運動が起こったのである。一九六五年一月には、国が大阪府収用委員会に収用採決の申請をし、農民はこれに対して現地に団結小屋を建てて、強制執行阻止決起大会を開催するなどの抵抗を行なった。同年一二月二一日になって、①公害のない代替空港建設のための調査予算をとる、②大阪国際空港の立地条件、規模にかんがみ騒音の規制を講ずる、③夜間飛行の規制強化をはかるなどの内容の覚書が、勝部地区農民代表、全日農大阪府連会長、運輸省航空局長、大阪府知事、豊中市長の署名捺印で交わされ、勝部住民から国へ土地の引き渡しがなされるということで決着を見るに至ったが、現実に拡張工事が行なわれた後の運輸省との交渉では、具体策が一向に示されなかった。このような中で、ジェット機就航とともに先に述べたような激甚な被害が生じてきたのである。

この裁判は騒音を中心とした航空機公害の根絶と被害救済を求めて、住民が切実な思いで行なったものであるが、我が国の公害裁判史上から見れば次のような意味を持っていた。

この裁判に先立つ四大公害裁判では、公害根絶の狙いもあったとは言うものの、裁判での請求の趣旨そのものは損害賠償であり、責任を認める判決をてこに運動の中でその課題を達成するというものであった。これに対して直接に差止を求め、それを中心にすえて行なったのが本件裁判であり、この点が大きな特徴である。また、そのこととも関連するがこの裁判は、初めて本格的に国の公共事業を対象とした裁判でもある。

さらに被害の点から言えば、それまでの四大公害裁判では、直接に生命をおびやかす激甚な被害を対象としていたが、この裁判では、一人ひとりについて見れば、これまでのような激甚さはないものの、その被害の広がりから見れば広範なものであった。この裁判は地域の自治会が中心となり、また、空港周辺自治体で構成する大阪空港騒音対策協議会（一一市協）がそのバックアップをしたが、その素地はこの被害の広がりにあった。本件公害について、当時の宮本憲一大阪市立大学教授は「積分公害」と名づけている。なお、本件公害は単なる日常の被害だけでなく、その延長として難聴といった健康被害も含んだものであったことも見逃してならない。

このような意義を持つこの裁判で、大きな争点になったのが被害と公共性をめぐってであった。本件では重大な被害が存在し、そのような場合には、環境権・人格権を根拠に、公共性があると言ってその請求を退けることは許されないといった原則的な視点だけでなく、国の言う公共性とは単なる利便性ではないか、住民の平穏な生活を守ることこそが真の公共性ではないかといった「攻めの公共性」の主張を対峙して、原告住民らはその論陣をはった。

この点につき、大阪高裁判決は、精神的被害としての不快感、身体的被害として騒音による難聴、耳鳴り等、生活被害として睡眠妨害等の点で、その被害は深刻であることを認めた。そして、航空交通および本件空港の公共性を認めたうえで、「そのもたらす社会的、経済的利益のみでなく、その反面に生じる損失面に考慮を要する」「被害軽減のためには空港の利用制限によるある程度の不便の生じることもやむをえない」として、本件空港を国家賠償法第二条一項の公の営造物の設置または管理に瑕疵がある「欠陥空港」と認定し、前記時間帯の飛行禁止を認めたのである。

国の公共性に対する反撃は、単に裁判上にとどまらず、多人数の被害者を原告とし、地域ぐるみで対応する中で、前記の一一市協も巻き込み、世論を味方にして行なわれたのである。

裁判その後

この裁判は前記のように、最高裁での差止却下と大阪地裁での損害賠償金の支払いという形で終了したが、国は一一市協との間で特段のことがない限り、午後九時以降の飛行は停止するとの約束を行なったことで、実質的に悲願であった午後九時からの「命の一時間」は達成されたと言える。また、この裁判を通じて、移転したい人のために移転補償の充実を、残る人には防音工事をさせるという成果を勝ち取り、他の空港・基地の騒音公害訴訟や新幹線公害訴訟における損害賠償を認めさせる途を切り開いたことは大きな成果とも言える。しかし、他方で、周辺住民が空港に共存を迫られ、あるいは移転させられたという見方もできるのであり、その評価は一概には言えないところである。

また、この裁判が後の公害裁判に大きな影を落としたことは、見落としてはならないことである。それは、最高裁判決が、国営飛行場での航空機の運行供用の差止は不可避的に国の航空行政権の行使の取消変更ないしその発動を求める請求を包含するので行政訴訟はともかく、民事訴訟では不適法とした点である。本件で行政訴訟が認められるかということについて最高裁は否定的であり、結局、どのような形でも裁判での請求は認められないということになるのである。この点、近年行なわれた行政事件訴訟法の改正がどのような射程距離を持つものかは今後注目されるところである。

空港騒音公害については、本件のほか、福岡空港、横田基地、厚木基地、小松基地、嘉手納基地があり、また公共事業に対するものとしては名古屋新幹線などの裁判があったが、いずれもこの最高裁判決の後、差止請求は認められなくなってしまった。それが認められたのは、四半世紀を過ぎて、やっと出された道路における自動車排ガス公害に対しての尼崎大気汚染公害判決である。また、近年、公共事業への見直しが行なわれ、ダムや原発の建設や操業を中止させるとの判決も見受けられるという状況にあり、今後の動向が注目される。本件裁判についてみてもその後、関西国際空港が開設され、国際便だけでなく、国内便の多くが、本件空港を去り、ローカル空港となってしまった現在、あらためて公共事業とは何であったのかを考える必要があるのではないかと思える。

（5）　西淀川公害

西淀川公害とその裁判

阪神工業地帯の古くからの中核部である大阪市西淀川区や此花区、尼崎市などの臨海部に立地している発電所・大工場は第二次世界大戦後の復興が早く、とりわけ昭和三〇年代後半からの高度経済成長期には急速に生産が拡大された。それに伴ってこれらの大工場群に囲まれた西淀川区の大気汚染は昭和三〇年代から四〇年代にかけて全国的に最も激甚であり、その中心である二酸化硫黄（SO_2）について言えば、環境基準が満たされていない日がほとんどで、その基準の二倍（〇・二ｐｐｍ）、三倍（〇・三ｐｐｍ）という日も相当あった。また西淀川区内では、国道四三号や阪神高速道路西宮線といった幹線道路が拡幅・新設され、激甚する自動車排ガスも汚染原因に加わって気管支ぜん息、慢性気管支炎といった公害病に苦しむ患者が多発した。これらの公害病の患者は、夜も寝られず、食事などの日常生活もままならず、死に至る者も少なくない。また、就業、就労、結婚といった社会生活の面でも大きな影を落としている。西淀川区では、一九七〇年二月に「公害に係る健康被害の救済に関する特別措置法」による認定が始まると、その年の末までに一二四一人が公害病と認定され、以後認定患者は急増し、西淀川公害一次訴訟の提訴直前の三月で、特別措置法に引き続く公害健康被害補償法（以下、公健法と言う）での認定患者は累計で五六二一人、死亡者を除く当時の認定患者は四二四二人となっていた。

この状況の中で、西淀川区の大気汚染公害患者一〇一名が、一九七八年四月二〇日に大阪地裁に裁判を提起した。これが西淀川大気汚染公害裁判の第一次提訴であり、その後第二次から第四次まで遺族も含めて引き続いて提訴された。原告は、公健法の認定患者と家族で組織された「西淀川公害患者と家族の会」を母体としており、被告は関西電力などの大企業一〇社と国・阪神高速道路公団で、求めた請求内容は深刻な公害被害に対する損害賠償と汚染物質としての二酸化硫黄（SO_2）、二酸化窒素（NO_2）、浮遊粒子状物質（ＳＰＭ）の環境基準までの排出差止であった。

長期間の審理の後、一九九一年三月二九日、大阪地裁は被告企業らの共同不法行為責任を認めて、原告らへの損害賠償金の支払いを認めた。しかし、自動車排ガスの健康影響は認めず、国・公団の道

黒くかすんだ西淀川工業地域（1970年代後半）
（あおぞら財団附属西淀川・公害と環境資料館所蔵）

路設置管理責任を否定し、差止請求については、門前払い（却下）とした。その後、一九九五年三月二日に、被告企業らは第一次から第四次までの原告ら（患者および遺族）五一九名全員に対して謝罪してその責任を認め、解決金の支払いと公害により破壊された地域の再生のための資金の提供、最大限の公害対策の約束を内容とする原告勝利の和解が成立した。

国・公団との裁判はその後も続いたが、同年七月五日の大阪地裁判決では第二次から第四次訴訟について、自動車排ガスの健康影響を認め、国・公団の責任を明確に断罪し、沿道に住む患者について損害賠償金の支払いを命じた。また、差止請求については棄却となったが、従来の門前払いを一歩進めて原告適格を認め、訴えの適法性を認めた。その後、一九九八年七月二九日には、国・公団との間でも、公害対策を行ない、そのための連絡会を設けるという内容の和解が成立した。

裁判の意義とそれを取り巻く状況

裁判に至るまで、「西淀川公害患者と家族の会」は、企業や行政に被害救済と大気の改善のための対策を求める交渉を行なってきたが、誠意ある対応が見られなかった。それどころか後に述べるように二酸化窒素の環境基準の緩和や公健法の骨抜きへの動きも財界を中心として起こっていた。この裁判は、不十分な被害救済と公害対策の充実を求めるとともに、これらの策動へのやむにやまれぬ反撃でもあった。

また、この裁判は、公害環境問題において、次のような全国的な意義を持つものであった。

第一には、四日市公害裁判判決で認められた工場群による大気汚染の責任を、石油化学コンビナートを構成する複数企業に限定する特別なものにするのか、旧来からの工場群にも適用することによってより普遍的なものへ発展させるのかということである。西淀川公害は旧来からの発電所・大工場によって起こされた大気汚染であり、また、このように発展させなければ、勝訴は見込まれなかったし、また、そのように発展させることで、全国の多くの公害病患者の救済への展望をもたらすからである。法律的な争点としては共同不法行為をどういう事実関係で認めるのかということであった。

第二に、大気汚染において、工場とともに重大な原因者である自動車排ガスの健康影響とその公害の対策を怠ったままで道路づくりに邁進する国・公団の責任を明確にするということである。提訴当時、自動車排ガスによる大気汚染が大きな社会問題になってきていたが、従来の大気汚染公害裁判では、工場排煙のみが対象になっており、今回の裁判はその社会的な関心にそった新しい挑戦であった。その後の川崎・尼崎・名古屋南部の大気汚染公害裁判もその挑戦を続けた。その後、浮遊粒子状物質、特にPM2・5と言われる極小の物質に移っていったが、当時、対象となった汚染物質の中心は二酸化窒素であり、この西淀川公害裁判の段階ではその健康影響をめぐっての因果関係が大きな争点となった。

第三は、この裁判は公害行政の動向に直接関係していた。財界は、いったん認めていた公健法を負担に思って、それを廃止もしくは骨抜きにしようと企て、二酸化硫黄（SO_2）の改善を口実に大気汚染公害は終わったとし、認定患者の中には本当の公害患者でない者がいるという「ニセ患者論」のキャンペーンを行なってきていた。現実にも、第一次提訴から第一回の裁判期日までの間に、二酸化窒素の環境基準の緩和が行なわれ、裁判の途中に、指定地域の全面解除により新しい認定患者を認定しないという公健法の骨抜き、全面改悪が強行された。これに対して、自動車排ガス、二酸化窒素の健康影響を明らかにさせ、国の責任を認めさせることと、認定患者である原告を公害病と認めさせることが公害行政を後退させないために重要な課題となったのである。また、この裁判では前記の三点に即して、①共同不法行為、②窒素酸化物の健康影響、③個々の患者が公害病患者であるか否か、が法律上の大きな争点となり、審理は長期にわたった。

その結果はすでに述べたとおりであるが、その闘いの場は、単に法廷の中にとどまらなかった。すでに述べたように、財界や国は裁判に前後して環境基準の緩和や公健法の改悪を行なってきたが、それは裁判において、公害被害者にとって言わば外堀を埋められることに相当し、それに対抗するには、世論を味方に付けて、対等な立場に立つ必要があった。そのために患者会・弁護団は、この裁判の意義を訴え、多くの市民に共感を求めるために集会や街頭宣伝などの多様な取り組みを行ない、「一〇〇万署名」と銘打った公正判決を求める署名運動はその成果として七四万名の個人署名を達成した。それが前記の勝利判決・勝利和解の大きなバックアップとなったのである。

裁判その後

西淀川裁判の第一次訴訟判決とそれに引き続く企業との和解では、企業の責任を認めさせ、公害被害者の救済のための損害賠償とともに公害で破壊された地域の再生のための資金を獲得し、その成果は「財団法人公害地域再生センター（あおぞら財団）」設立となって実を結び、その後、道路公害のない街づくりへの提言や公害経験の承継などの活動を続けている。また、第二次〜第四次訴訟では、過去に限ってではあるが、初めて自動車排ガスの健康影響と国・公団の責任を認め、国・公団に損害賠償を命じる判決を勝ち取り、差止についてもそれまでの門前払いから実質審理への門戸を開けた。それを突破口として引き続く川崎裁判では現在の自動車排ガスの健康影響を認めるに至り、ついに尼崎裁判では、大阪空港騒音裁判の最高裁判決で否定されて以来、四半世紀にわたって閉ざされていた公共事業の差止請求が認められるに至ったのである。

また、国・公団との間での連絡会は、西淀川に引き続いて川崎、倉敷、尼崎、名古屋南部の各裁判の和解の中でも盛り込まれた（倉敷については、企業のみを被告にしていたため、道路関係の和解はない）。

しかし、課題はまだ残っている。その一つは、自動車排ガスによる大気汚染公害が、今なお続いていることである。それは国がこのことに抜本的な対策を講じないで、歯止めのないままで自動車の走行台数が増加していることによる。このような基本的な体質もあって国・公団に熱意が見られず、和解によりせっかく設置された連絡会もなかなか実質化されていないことである。このため、尼崎では和解条項の履行を求めて、公害等調整委員会にあっせん申請を申し立て、二〇〇三年六月二六日にあっせん合意ができ、交通量の削減のための調査と連絡会の公開などによる実質化を国・公団に行なわせるようになった。この成果は各地の裁判を行なった地域で反映されつつあるが、尼崎においても、その後の連絡会を重ねる中で、二〇〇五年一月二一日に、ようやく原告団や弁護団の要求をほぼ取り入れた「大型車交通量低減のための総合調査」の実施が合意され、その調査が実施されているところであり、緒についたばかりと言える。

もう一つは、現在も自動車排ガスを中心とした新たな公害患者が発生しながら、公健法の改悪のために救済を受けられない公害患者が増え続けるという状況にあることである。東京ではこの未認定患者も原告に入れ、自動車排ガスの健康影響を中心的課題としての裁判が一九九六年五月三一日に東京地裁に提起された。この裁判は、道路を管理する国・道路公団・東京都だけではなく、自動車メーカーをも被告に加えてのものであり、これまでの判決で認められた道路沿道のいわゆる線的な汚染だけでなく、地域全体の面的汚染の責任を追及するもので、新たな被害救済制度の実現を視野に入れた解決を目指している。この裁判は、二〇〇二年に一次訴訟判決となったが、従来と同様に自動車排ガスの健康影響を認め、国・東京都・公団の責任を認め、損害賠償を命じたが、道路沿道に住む原告のみに限定し、面的汚染の責任は認めなかった。また、自動車メーカーの責任も認めず、差止請求については、「一定期間の暴露が気管支喘息の発症増悪の原因となることが高度の蓋然性をもって予想しうる汚染濃度（閾値）を認めるにたる証拠はない」との理由で棄却されてしまった。この裁判は、その後、二〇〇七年八月八日に裁判上の和解が成立した。和解内容は、①新たな医療費助成制度の創設、②公害対策、③解決金の支払いであったが、その中で特に注目すべきは国、首都高速道路会社（旧公団）、自動車メーカー、東京都の負担による東京都の医療助成制度の創設であり、この制度を、充実強化させ、国に対して公健法（公害健康被害の補償等に関する法律）並みの被害者救済制度の創設に結びつけるための全国的な運動も始まっている。

（6）　カネミ油症事件

カネミ油症事件の発生

一九六八年三月ごろから、西日本各地で身体中にできる吹き出物や手足のしびれや痛みを訴える奇病が発生した。その年の一〇月三日、福岡県大牟田市の保健所に「米ぬか油を使い出してから体に吹き出物ができ、手足がしびれるようになった」と、使い残しの米ぬか油の分析依頼があり、これが新聞に報道されたことから、同じような被害を訴え、病院を訪れる人が各地で続出するようになった。

「体中にニキビのような吹き出物がでる。」

「目やにでまぶたがくっついて、眼が開けられない。」

「手足の爪がこげ茶色に変色する。」

毎日おそう腹痛と下痢、そして頭を締めつけるような頭痛。極度の疲労感。こうした症状が家族全員に発生し、会社の寮の全員が同じ症状で苦しんでいる例もあった。また、同じ町内の多くの人たちに症状が出ている場合もあった。こうした被害者は福岡県、長崎県を中心に、西日本一帯に広がっていった。

日本最大の食品公害事件、カネミ油症事件の発生である。被害はさらに拡大し、「黒いあかちゃん」が生まれ、一九六九年七月には山口県で死亡者も出た。

カネミ油症の被害者は、届け出た者だけで西日本一帯で一万四〇〇〇人以上にのぼり、認定された患者だけでも一八七〇人にのぼる。

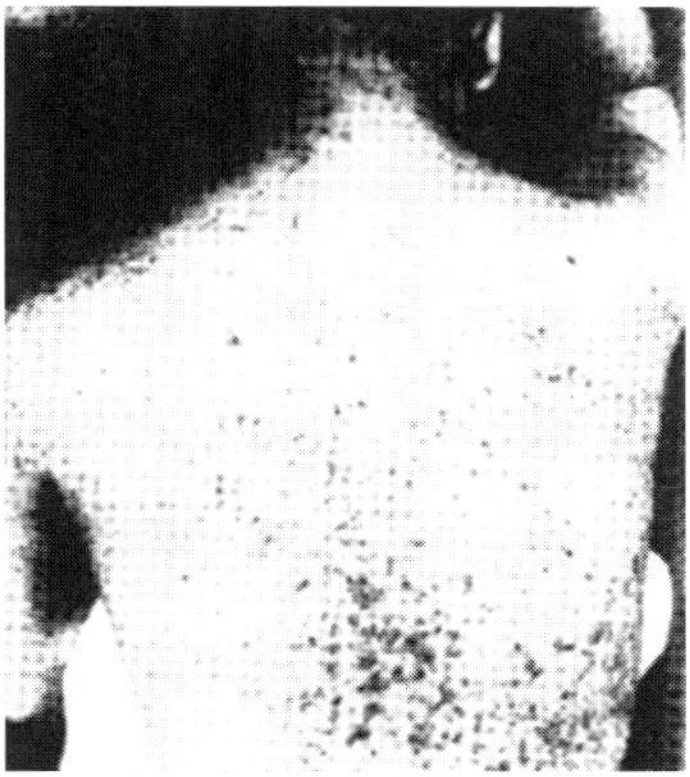

背中一面の吹出物

（カネミ油症事件統一原告団／弁護団『カネミ油症十八年間今すぐ被害者の救済を！』より）

原因の究明

北九州市衛生局はカネミ倉庫に原因がはっきりするまで自主的に米ぬか油の販売を中止するよう要請した。しかし、カネミ倉庫は販売中止勧告を拒否して販売を続けた。一九六八年一一月四日に九州大学油症研究班が「中毒の原因は、米ぬか油に含まれていた大量の有機塩素剤」と発表し、一一月一六日の調査でＰＣＢ（ポリ塩化ビフェニール）が循環している脱臭缶パイプに穴があいているのが発見された。高温のためＰＣＢが分解して発生した塩化水素ガスが水と化合して塩酸となり、ステンレス製の脱臭缶パイプを腐食したのである。

カネミ倉庫は、米ぬかを原料にして、植物性の食用油を製造し、これをカネミライスオイルの商品名で、栄養価の高い油として宣伝、販売していた。この米ぬか油の製造工程に、米ぬかから抽出した油の臭気を除去するための脱臭工程という工程がある。この工程では、米ぬか油を入れた脱臭缶内のとぐろを巻いたような蛇管に、熱媒体としてＰＣＢを循環させて油を熱して揮発性の不純物を除去していた。このＰＣＢが循環している厚さ二、三ミリメートルのステンレス製の蛇管が腐食して、穴があき、この穴から大量のＰＣＢが流出し、食用油に混入したと考えられた。このＰＣＢを製造していたのが、大阪に本社を置く鐘淵化学工業（現カネカ）という会社であった。

ＰＣＢとは

ＰＣＢは、一九二九年にアメリカで工業化された合成化学物質である。夢の化学物質と言われ、絶縁性、熱伝導性、油溶性が優れていて、抗酸化性がある、最も完成した合成化学物質だと言われ、多方面で使われていた。

一方、ＰＣＢの毒性も早くから知られていた。工業化された直後の一九三七年には、アメリカのドリンカー博士がＰＣＢの毒性について警告を発していた。日本でも一九四八年には、労働科学研究所の野村茂が、「ＰＣＢを摂取した動物が、激しい肝臓の中心脂肪変成を来して早期に死亡した」ことを報告している。

このＰＣＢを、一九五四年に、日本で初めて製造販売したのが鐘淵化学工業である。鐘淵化学は、ＰＣＢの毒性には言及することなく、その工業的有用性のみを強調して、あらゆる分野にＰＣＢを売り込んだ。当初はトランス用絶縁油として使用されていたのが、まもなく熱媒体としても使用されるようになり、食用油の製造のような食品製造工業でも使用されるようになったのである。

しかし、カネミ油症の原因は単にＰＣＢだけではなかった。一九七五年、油症の原因となったカネミライスオイルの中のＰＣＢにポリ塩化ジベンゾフラン（PCDF）が高濃度に含まれていることが判明し、一九八七年ごろには、ＰＣＢが熱によって変性したポリ塩化ジベンゾフランやコプラナーＰＣＢ（Co-PCB）などが油症の発症に大きく関わっていることが明らかにされた。このポリ塩化ジベンゾフランやコプラナーＰＣＢは、強毒性のダイオキシンの一種である。

ダーク油事件

油症事件が発覚する直前の一九六八年二月、西日本一帯で、二〇〇万羽の鶏が発病し、うち四〇万羽が死亡するという事件が起こった。この鶏の大量死の原因がカネミ倉庫が製造発売したダーク油を混ぜた飼料だった。このダーク油は、食用米ぬか油を製造する途中で分離される油で、人間の油症事件を引き起こした米ぬか油とは、同一工場で、同一原料を使い、同一製造工程で生産されたものである。この鶏の大量死の原因がカネミ倉庫が製造発売したダーク油であることは、同年三月の時点でほぼ明らかになっていた。もしこのダーク油事件のときに、同一工場、同一原料、同一製造工程で生産された米ぬか油の危険性に目が向いていれば、カネミ油症事件は未然に防止できたことは明らかである。現に、当時、厚生省予防衛生研究所の主任研究官であった保野景典は、食用油が危ないと考え、一九六八年八月に農林省に対してダーク油の提出を求め、厚生省食品衛生課に対し、食用油の危険性を警告し、早急に対策をとるよう要求していた。ところが、農林省の担当官は、「ダーク油は廃棄した」と嘘を言い、厚生省も「人に被害の出ないうちは動けない」として何もしようとしなかった。

裁　判

カネミ倉庫は零細企業のために被害者を救済する資力がなく、鐘淵化学はカネミ倉庫に責任を押しつけ自ら責任をとろうとしなかった。国や自治体も、「企業の責任」というばかりで被害者の救済に乗り出そうとはしなかった。カネミ油症被害者は裁判に頼るしかなかった。一九六九年二月、福岡市の一一家族四四名が、福岡地方裁判所に、カネミ倉庫や鐘淵化学の責任を追及する裁判を提訴した（福岡訴訟）。翌年一一月には福岡地裁小倉支部に全国のカネミ油症被害者が、カネミ倉庫や鐘淵化学だけでなく、国や北九州市も被告とする訴訟を提起した（全国民事訴訟第一陣）。全国民事訴訟は以後、第五陣まで提訴され、原告数は一〇〇〇名を超えた。

カネミ倉庫には、食用油の製造業者であるにもかかわらず、ＰＣＢを混入させたまま「カネミライスオイル」を販売した過失責任が、鐘淵化学には、新しい合成化学物質を製造販売するに際し、ＰＣＢの毒性や金属腐食性といった危険性はもちろん、ＰＣＢの食品への混入防止策や混入した場合の発見方法や除去方法を知らせる義務があるのにこれを怠った責任が問われた。国に対しては、ダーク油事件が発生した時点で、その製造元のカネミ倉庫を調査すれば食用油にもＰＣＢが混入していることが容易に発見でき、カネミ油症事件は未然に防げたのに、これを放置した責任が問われた。

一九七七年一〇月の福岡訴訟の判決は、カネミ倉庫の過失責任と鐘淵化学の製造物責任が認められる被害者側全面勝利の判決であった。一九七八年三月に福岡地裁小倉支部で言い渡された全国民事訴訟第一陣の判決も、福岡訴訟判決と同様、カネミ倉庫の過失責任と鐘淵化学の製造物責任を認めた。しかし、国や北九州市の責任は認められなかった。国や北九州市の責任は、一九八四年三月の全国民事訴訟の控訴審判決でようやく認められることになる。ところが、一九八六年五月の全国民事訴訟第二陣控訴審判決は、それまで六度にわたり認められてきた鐘淵化学の責任と、二度にわたって認められた国の責任を否定した。こうした中で、最高裁から国と鐘淵化学の責任を否定する和解が勧告され、一九八七年三月、鐘淵化学に責任がないことを前提とする和解が成立した。

氾濫する化学物質とその管理

現在、我々人間が創り出した化学物質は二〇〇〇万種を数え、私たちの身の回りで使用されている化学物質だけでも一〇万種を超え、毎年一〇〇〇種ずつ増加していると言われている。そして、これらの化学物質のほとんどについてその安全性が確かめられていない。また、こうした化学物質の中には、きわめて微量であっても世代を越えて深刻な影響を及ぼすものがある。環境ホルモン（内分泌攪乱科学物質）と言われる化学物質である。カネミ油症の原因物質のダイオキシンは、この環境ホルモンの一種でもある。化学物質と化学商品の大量生産、大量消費、そして大量廃棄の中で、化学物質による環境の汚染がきわめて深刻な状況にある。こうした化学物質が国境を越えて移動し、地球規模での環境問題を引き起こしている。化学物質による汚染を防ぐには、化学物質の毒性を総点検するとともに、有毒化学物質に対する法規制を強化し、化学物質の管理を国際的な協力のもとに進める必要がある。未来を担う子供たちのためにも、カネミ油症事件の貴い経験が活かされなければならない。

（7）薬害スモン

スモンとは

スモンというのは、「亜急性・脊髄・視神経・末梢神経症（Subacute Myelo Octico Neuropathy）」の英語の頭文字ＳＭＯＮから、日本で名づけられた病名である。

スモンは、一九六〇年代に最も一般的な整腸剤として、大量生産、大量販売されていたキノホルムを服用したことによって引き起こされた薬害で、その被害者は、全国一万一七〇〇人（うち死亡者六八〇人）という、推定分を加えると二万人とも三万人とも言われる、日本でも最大の薬害事件である。

スモンの発生とその症状

このスモン病が初めてマスコミに取りあげられ、社会的に問題になったのは東京オリンピックが開催された一九六四年である。最初は、埼玉県の戸田市で多発し、「戸田病」と呼ばれていたが、次第に全国的に患者が報告されるようになった。

キノホルムを投与された患者は、服用後お腹が激しく痛み出し、下痢が止まらず、お腹も張ってくる。そして、両足の爪先、足裏が、長い期間正座したあとのシビレ感に似たジンジン、チカチカ感が出現し、そのシビレが数日または一週間ほどで足先から膝へ、そして太もも、臀部（おしり）、下腹部にあがってくる。足は鉄の輪をはめたようにずっしりと重くなり、足を引きずったロボットのような歩き方しかできなくなる。シビレは手の先まで及び、食事中にはしを落としたり、タオルを搾れなくなったり、腰から下はまったく力が入らず、歩行はもちろん、立ったり、座ったりもできなくなる。重症になるとベッドの上で寝たきりで、寝返りもできない。このころになると、スモン特有の症状である、舌が緑色になる緑舌、便や尿が緑になる緑便、緑尿などを見ることがある。視力障害もスモンの特徴な症状で、スモン患者の八割以上が視力障害を訴え、完全失明する患者も少なくない。脊髄を損傷するため、排便、排尿感がなくなり、自力で排便や排尿ができなくなる。浣腸をしないと排便できない患者もいる。

スモン患者を苦しめる最大の症状は下肢の異常知覚で、スモン患者はそれがなくなるなら足を切り落としてもよいとさえ言う。また、ほとんどの患者が下半身の冷感を訴え、冬などはこたつから離れられない、夏でも下半身は毛布をかけて寝る。冷房はまったくだめで、冷房の風にあたると「氷水をかけられた感じがする」と言う。

原因の究明

一九六九年になってようやく厚生省スモン調査研究協議会が結成され、原因追及が始まった。当初はスモンはウイルスなどの感染であるとする「ウイルス説」が主張された。しかし、ウイルスの分離や追試の試みはいずれも失敗した。一方、緑舌、緑便に注目して研究を進めた東大脳研の研究者のグループが、緑尿の中からキノホルムの結晶を発見した。また、ある病院の三四名のスモン患者全員が発病前にキノホルムを服用していた一方、キノホルムの非服用者の中には一例のスモン患者も出ていないことも判明した。一九七〇年九月、厚生省の中央薬事審議会はキノホルム剤の販売使用停止を答申し、答申の翌日、厚生省はキノホルムの販売を中止し、スモン患者の新たな発生は激減し終息した。キノホルムの販売中止により、スモン患者の発生が激減、終息したことにより、スモンの原因がキノホルムであることが証明されたのである。

キノホルムの有毒性

キノホルムは、一八九九年にスイスのチバガイギーという世界有数の製薬会社で外用防腐剤、消毒剤として開発された劇薬である。キノホルムが開発されたスイスでは、キノホルムは、一九〇七年以降現在まで「劇薬指定」を受けている。ドイツでも一九三〇年に劇薬指定されている。その後、キノホルムはその強い殺菌作用が注目され、一九三四年に、実験的にアメーバ赤痢の特効薬として内服された。その毒性も早くから知られており、一九三五年にはアルゼンチンの医師がキノホルムの投与により、神経症状が発生したことを確認し、チバガイギー社に通報している。このとき確認された神経症状は基本的にスモンの症状と同じである。一九三九年および一九四四年にチバガイギーが自ら行なった動物実験でも神経症状が報告されている。日本でも、一九三六年の内務省令によりキノホルム剤は劇薬に指定された。ところが何故か、その後「劇薬指定」は解除されている。解除の理由は日本軍の南方進出に際して、アメーバ赤痢の特効薬としてキノホルムを使用しようとしたためではないかと言われている。

スモン裁判

一九七一年五月、二名のスモン患者が東京地裁に裁判を提起した。その後、全国で裁判が提起され、最終的に全国三二地方裁判所に提訴され、原告数は五九五三名にのぼった。裁判の被告は、キノホルムを製造販売していた日本チバガイギーなどの製薬会社、その製造を許可承認した国である。

裁判で争われたのは、第一にスモンとキノホルムの因果関係であった。国はキノホルムとスモンの因果関係を暗に認めたが、製薬会社はスモンキノホルム説には数々の疑問があるとして因果関係を争った。中には、すでに破綻した「ウイルス説」を主張する製薬会社もあった。

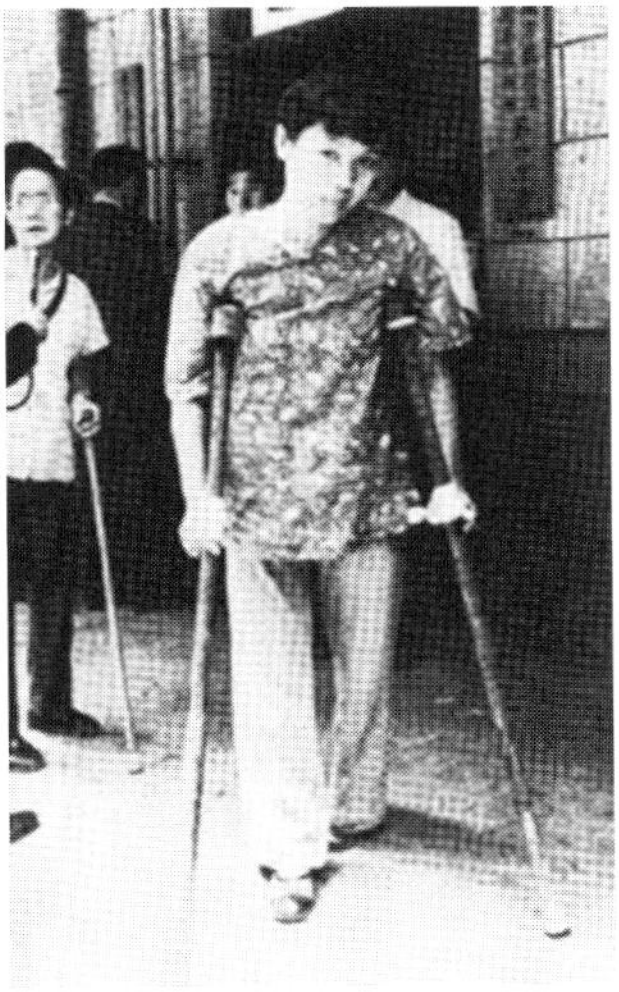

福岡地方裁判所前に立つ患者
（全国公害弁護団連絡会議編『被害者とともにあゆんで二十年　1972-1991』より）

第二の争点は、キノホルムを製造・販売した製薬会社および製造を許可承認した国の責任である。原告である被害者側の主張は、キノホルムの人体に対する危険性は数多くの情報によって古くから判明しており、キノホルムを製造・販売した製薬会社が安全確認義務を尽くせば容易に予見可能であったというものであった。しかし、被告会社はこれを強く争った。キノホルムは学界では安全で有効な薬と評価されており、スモンのような副作用はまったく予見できなかったと主張した。国の責任については、被害者側は、厚生大臣は薬事法上医薬品の安全性確保義務があるにもかかわらず、この義務を怠ってキノホルム剤の製造などの許可承認、キノホルムの日本薬局方（医薬品の性状および品質の適正を図るため、厚生労働大臣が薬事・食品衛生審議会の意見を聴いて定めた医薬品の規格基準書）への掲載を行ない、またその後の追跡調査などの安全確保をしなかったためにスモンが発生したと主張した。国は、真っ向からこの主張を争った。薬事法には厚生大臣に対し医療品の安全性確保義務を要求する条文はまったくないと主張し、製造許可は厚生大臣の自由裁量行為で違法とは言えないというのである。

全国三二地裁で闘われた裁判は、一九七八年三月の金沢地方裁判所の被害者側の主張を認める判決を皮切りに、被害者側勝利の判決が続いた。これらの判決では、スモンとキノホルムの因果関係が認められ、製薬会社の責任も、国の責任も明確に認められた。一九七八年九月には薬事法が改正され、その直後の九月一五日、被害者側と全被告企業との間で「確認書」が調印された。この「確認書」は、国や製薬会社が被害者に謝罪し、薬害防止に最高最善の努力を払うことを確約し、被害者に賠償金と被害者に対する終身の健康管理手当と重症者への介護費用の支払いを約束させるものであった。

繰り返される薬害事件

第二次世界大戦後、日本で問題となった薬害事件は枚挙にいとまがない。スモンが問題になる前の著名なものだけでも、一九五六年のペニシリンの投与により約一〇〇名がショック死したペニシリン事件、一九六一年の睡眠薬として販売されたサリドマイド剤を妊娠初期の妊婦が服用したことにより四肢奇形児約一二〇〇人（九五〇人は死亡）が生まれたサリドマイド事件、一九六五年の即効性をうたった風邪アンプル剤で約四〇名がショック死した風邪アンプル事件などがある。最近でも、血友病患者にエイズウイルスが混入した非加熱製剤を使用し続けたためにエイズに罹患した薬害エイズ事件、脳外科手術の際に異常なプリオンというタンパクに侵された乾燥脳硬膜を移植されることによって発病した薬害ヤコブ事件などが記憶に新しい。ペニシリン事件から薬害ヤコブ事件まで、スモンとほとんど同じ構図で発生している。

何故、このように薬害が多発するのであろうか。第一に、薬を製造販売する製薬会社に問題がある。薬は有用性とともに、同時に人体に対する害作用を持っている。こうした薬を製造販売する製薬会社は、①有効性に関する科学的なデータの提供、②有害作用に関するデータの収集と全データの公開、その対策の提供、③販売後の有害作用のデータの集積と公開、④致命的もしくは重大な有害性が発見されたときはただちに情報を公開し、販売を中止し、回収する、などの義務がある。また、医薬品の製造、輸入、販売を許可承認する国は、薬の安全性について厳しくチェックする義務がある。しかし、製薬会社も国も、それぞれの義務をまったく果たさなかったことが、薬害が多発した原因である。薬害は防ぐことが可能な人災なのである。

3　現代の諸問題

（1）　地球温暖化

宮沢賢治と地球温暖化

宮沢賢治は、亡くなる前年の一九三二年に書いた「グスコーブドリの伝記」の中で、東北地方の農業の最大の敵「冷害」を防ぐために、主人公のグスコーブドリがカルボナード火山島を一人で爆発させ、二酸化炭素（CO_2）を放出させ、その温室効果により冷害を防ぐ話を書いている。

実際には火山が爆発すると、同時に吹き出される粉塵によって太陽光線が遮られ、かえって気温は下がってしまうが、少なくとも宮沢賢治は、大気中の二酸化炭素が増えれば気候が温暖化することを知っていた。

温暖化のメカニズム

地球上の大気は非常に薄いもので、地球を直径一メートルの球とすると大気の厚さは四ミリメートルしかない。そして、この薄い大気がないと、地球の地表の平均気温はマイナス（氷点下）一八℃になってしまう。現実の地表の平均気温は、過去一万年あまりほぼ一五℃に保たれてきた。この差し引き三三℃も地球を暖めてくれているのが、二酸化炭素、水蒸気、メタンなどの大気中の温室効果ガスである。

地球は太陽光の放射エネルギー（波長の短い可視光線）によって暖められるが、一方で赤外線の形でそのエネルギーを宇宙に放射している。温室効果ガスは、地表から宇宙に放射される赤外線を吸収し再放射するが、その中の地表に向けて再放射されたエネルギーが地球を暖めてくれる。

これらの温室効果ガスは、その種類によって温室効果が違い、二酸化炭素の温室効率を一とすると、同量のメタンは二一倍、亜酸化窒素は三一〇倍、フロンガスは数千倍の温室効果がある。これを温暖化係数（ＧＷＰ）という。

現実化する地球温暖化

しかし、現実に二酸化炭素の大気中の濃度の上昇が観測され、温暖化現象が現実の問題と認識されるようになるのは一九八〇年代末になってからである。一八五〇年以降の産業革命により地中に埋蔵されていた石炭、石油、天然ガスなどの化石燃料が熱源として使われるようになり、化石燃料の燃焼によって二酸化炭素が大気中に放出されたことがその原因と言われ、大気中の二酸化炭素濃度が産業革命以前は二八〇ｐｐｍで安定していたのが、現在は三八〇ｐｐｍを超えている。

一九八八年には、地球温暖化に関する、科学的知見、社会経済的影響、対応戦略などを検討する「気候変動に関する政府間パネル（ＩＰＣＣ）」が国連に設けられ、地球温暖化問題についての検討を

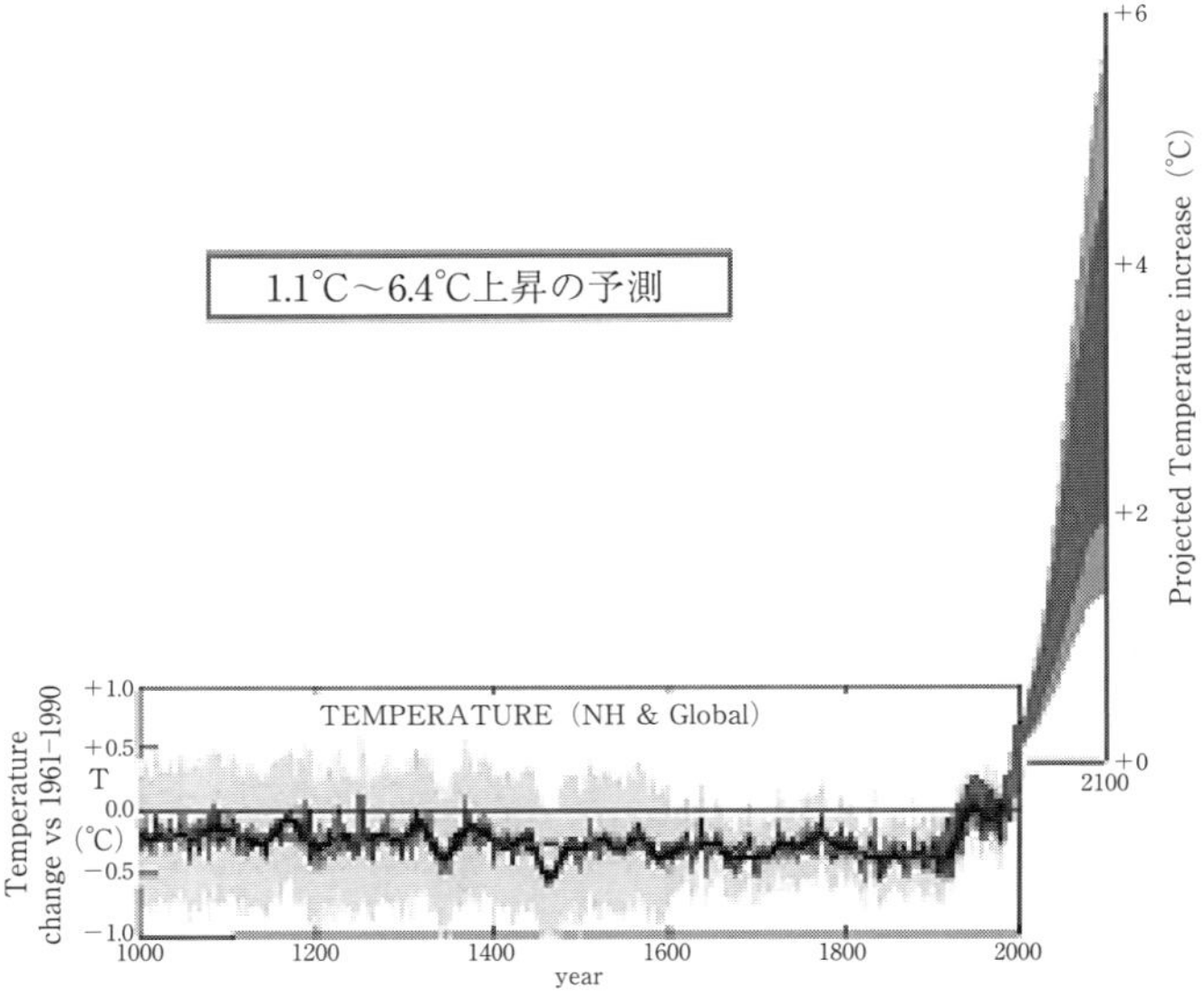

過去1000年の気温変化と今後100年の上昇予測（IPCC 第４次評価報告書より）

始め、これまで四次にわたって報告書を発表した。最新の第四次報告書では、地球温暖化は疑う余地がないとし、その原因が人間活動によるものであることは九〇パーセント以上の確信度であるとしている。そして、このまま温室効果ガスの排出が続けば、地球の平均気温が二一〇〇年に最大で六・四℃上昇し、海水面も最大で五九センチメートル上昇すると予測している。一万八〇〇〇年前の氷河期から現在まで平均気温が五℃しか変わっていないことを考えれば、わずか一〇〇年で六℃を超える平均気温の上昇が、地球上の生態系にとって死活的な影響を与えるであろうことは容易に想像できる。海面上昇は、平均標高の低い島しょ国では国土の消失を意味し、ツバルなどではすでに海面上昇による井戸水の塩害化や大潮のときの冠水などの被害が人々の生活を脅かしている。

地球温暖化は日本などの先進国が起こした環境問題であるが、その被害が最も深刻に現れるのは途上国であることを忘れてはならない。

加速する地球温暖化

世界の平均気温は過去一〇〇年（一九〇六〜二〇〇五年）で〇・七四℃上昇し、最近五〇年の昇温傾向は過去一〇〇年のほぼ二倍とされる。過去一五〇年の平均気温の高かった一二年のうちの一一年が、一九九五年から二〇〇六年に集中している。大気中の二酸化炭素濃度は二〇〇五年には三七九ｐｐｍに達し、過去六五万年の自然変動の範囲（一八〇―三〇〇ｐｐｍ）をはるかに上回っている。最近一〇年の二酸化炭素濃度の増加量は年一・九ｐｐｍで、一九六〇年に観測を開始して以来の年平均増加量一・四ｐｐｍより大きくなっている。世界中の氷河が急速に溶けて後退しつつあり、北極の晩夏の海氷面積は、二〇〇七年九月には一九七〇年代より四〇パーセントも少ない過去最少を記録した。あらゆる指標が、温暖化が加速していることを示唆している。

こうした温暖化がすでに生態系に影響を与え始めている。北極の氷の融解は、氷のうえでアザラシなどを狩るシロクマに深刻な影響を与え始めており、一九八一年から一九九八年の間に、子グマの平均体重・数が約一五パーセント減少したとの報告がある。一九九六年五月、シロクマは絶滅危惧種に指定された。南極でも、海水温が五〇年間で二・五℃上昇し、海氷面積が縮小したため、南極の生態系を支えるナンキョクオキアミが一九七〇年代に比べ八割も減少したと報告されている。

表　国際交渉の経緯

1992年	気候変動枠組条約に合意
1995年	COP1：ベルリンマンデート
1997年	COP3：京都議定書を採択
2001年	米ブッシュ政権が京都議定書離脱宣言
	COP7：運用ルールの最終合意成立
2002年	永続可能な発展に関する世界首脳会議
2005年	京都議定書の発効
	COP11，CMP1 京都議定書始動
2007年	COP13，CMP3 バリアクションプラン

地球温暖化の防止

地球温暖化問題のような地球規模に広がる環境問題は、一国だけで対策をとってもこれを防止することはできない。また、一方で温室効果ガスの排出を減らしても、一方で排出を増加させていては温暖化を防止することはできない。そのため、世界中の国々が協調して温室効果ガスの排出を減らすことが必要となる。

こうした地球温暖化の進行に対処すべく、国際的な取り組みが開始され、一九九二年には「気候変動枠組条約」が、一九九七年には「京都議定書」が採択された。京都議定書は、世界で初めて温室効果ガスの削減に合意した画期的な環境条約であり、二〇〇八年から二〇一二年の先進工業国の温室効果ガス排出量を、一九九〇年レベルから先進工業国全体で五・二パーセント減らすことになっている。国別では、ヨーロッパ連合（ＥＵ）は八パーセント、アメリカは七パーセント、日本は六パーセントとなった。しかし、ＩＰＣＣは、危険な温暖化を防ぐためには、日本などの先進国は二〇二〇年までに二五～四〇パーセント削減する必要があるとしており、五パーセント程度の削減では地球温暖化は防止できないことは明らかである。

二酸化炭素のほとんどはエネルギー消費により生じるため、エネルギー消費を減らすことが必要となるが、エネルギー消費は、各国の社会経済そのものと深くかかわっており、エネルギー消費を減らすことは容易ではない。そのため、京都議定書交渉は困難を極め、議定書の合意までに二年半、その運用ルールの合意に三年、発効条件を満たす各国の批准に三年半かかった。その間に、アメリカのブッシュ政権は京都議定書への不参加を宣言し、交渉から離脱してしまった。それでも数々の困難を経て、温室効果ガスの削減に合意し、京都議定書を発効させたことは国際社会の良識を示すものと言ってよい。こうした成果は、ＩＰＣＣという世界二五〇〇名とも言われる学者・研究者の培った科学があったからである。科学に裏づけられた合意は、容易に後戻りしない。

温暖化を防止するために

温暖化を防止するには、二酸化炭素などの温室効果ガスの排出を削減するしかない。二酸化炭素のほとんどは、石炭や石油などの化石燃料をエネルギー源として燃焼することによって排出されている。したがって、化石燃料の消費を減らす省エネ対策や、エネルギー源を太陽光や風力などの、二酸化炭素を排出しない再生可能エネルギーに転換することが必要となる。

とりわけエネルギー源を再生可能エネルギーに転換することが必要である。なかでも風力発電の普及は著しく、二〇〇七年末の世界全体の風力発電の累積導入量は九四一二万キロワットにのぼっているが、日本の累積導入量は一五四万キロワットにすぎない。

また、二酸化炭素は、私たちが自動車を運転したり、電化製品を使い電気を消費することからも排出される。私たちの生活を見直し、ライフスタイルを省エネ型に変える努力が必要である。

温暖化を防止するためには技術革新が不可欠だとして、燃料電池などの革新的技術による解決が喧伝されているが、おそらくこうした技術は二〇五〇年ごろにようやく現実化するものと思われ、急速に進行する地球温暖化の防止に役立つとは思えない。こうした技術開発を待つのではなく、いまある技術や対策を総動員しなければ温暖化の進行を防ぐことはできない。

二℃が限度

科学的知見は、「気温上昇幅を二℃未満に抑えなければ、地球規模の回復不可能な環境破壊により人類の健全な生存が脅かされる可能性がある」ことを示している。ここで二℃というのは、現在からではなく、工業化以前（一八五〇年ごろ）からの上昇幅である。地表の平均気温の上昇が二℃を超えると、世界経済にも、食料生産にも、世界的な規模で影響が広がると予想されている。

現在、大気中の二酸化炭素濃度は三八〇ｐｐｍを超え、平均気温も工業化前から〇・七四℃上昇してしまった。ＩＰＣＣの報告書によれば、仮に温室効果ガスの大気中濃度を現在のレベルで安定化させたとしても、一℃もしくはそれ以上の気温上昇は避けられそうにないとされている。許される気温上昇幅はもうほとんどないことを認識する必要がある。

（2）　原子力発電所

原子力発電所（以下、原発）の最大の問題は、原子力から電気を得る過程で避けて通れない核燃料物質や核分裂生成物、放射性廃棄物などからの放射線被害であり、それは今や原発のある地域だけの問題にとどまらず、地球規模の被害をもたらすことはチェルノブイリ原発事故を見れば明らかである。

原発は一般に原子力の「平和利用」と言われるが、原子力そのものの開発と利用は原子爆弾という原子力の軍事利用から始まっており、ウランの核分裂を利用する点では平和利用でも軍事利用でも変わりはない。ウラン235の核分裂はハーン・シュトラスマンによって一九三八年に発見されたが、直後に始まった第二次世界大戦の中で当初から関心は軍事利用に向けられ、アメリカのマンハッタン計画によって一九四五年に原子爆弾として登場した。

この核兵器を背景にアメリカは世界最強の大国となったが、戦後まもなく旧ソ連も核保有国となるに及び、核兵器の拡散を恐れたアメリカは、一九五三年にアイゼンハワー大統領の国連演説の中で原子力の平和利用の提案を行なった。それは原子力平和利用の国際原子力機関を設置し、核保有国が平和利用のために核分裂物質を提供するとともに、この機関で世界的な原子力の管理、監視を行なうというものであった。この国際原子力機関（ＩＡＥＡ）は一九五七年に発足したが、アメリカの真の意図は核保有国と非核保有国を固定しようとするもので、実際、それは一九六八年に核不拡散条約（ＮＰＴ）として調印された。

日本は一九五三年の平和利用提案に世界でも最も早く同調し、わずか四ヵ月後の五四年に初の原子力予算を成立させ、原子力発電の実用化をエネルギー政策の柱に据えた。試験炉による初の原子力発電は六三年に成功し、商業炉による送電は六六年に東海一号で、七〇年に敦賀一号で開始された。その後、年二基弱のペースで建設され、二〇〇八年には五五基が運転されており、原発の数でも電気出力でもアメリカ、フランスについで世界第三位の原発大国である。

原子力発電所の事故

原子力の平和利用とは言え、原子力とは核分裂から得るエネルギーのことであるから、原子力発電所といえども、核燃料のウラン235をはじめ、核分裂中に生み出される核分裂生成物（通称、死の灰）から強力な放射線が出るのは避けられない。電力会社側は厚さ一六センチメートルもの鋼鉄製原子炉圧力容器、さらに厚さ四センチメートルの鋼鉄製原子炉格納容器、さらに厚さ一メートル以上のコンクリートによる原子炉建屋など、何重もの壁で放射性物質をシャットアウトしているので大丈夫と言い続けてきたが、原発事故による放射性物質の飛散や漏出の危険性は早くから懸念されていた。

原発が原爆と違う最大の点は、原爆が核分裂の連鎖反応を瞬時に進行させて爆発させるのに対し、原発は原子炉の中で中性子を吸収する制御棒を使って連鎖反応を制御しながら原子炉の中と外に水を循環させて一定の出力を得ようとする点である。しかし、その原子炉の制御や水の循環系にトラブルが発生すれば、原発の原子炉も暴走し、爆発に至る危険性は避けられず、何重もの壁といえども安全とは言えない。

日本の原発でも、すでに一九七三年に美浜一号炉で燃料棒が折損落下する事故が起こっていたが、関西電力は七六年末に内部告発で暴露されるまでその事実を隠蔽した。各国でも種々の原発事故が起こっていたが、ついに一九七九年三月、アメリカのスリーマイル島二号炉で原子炉空炊き状態の末に炉心燃料の四〇パーセントが溶融し、希ガスの放射性物質が大気中に放出されるという大事故が起こった。

さらに一九八六年四月には、旧ソ連のチェルノブイリ四号炉が暴走・爆発し、史上最大の原発事故となった。放出された放射能はスリーマイル島原発事故の数十倍で、三億から一〇億キュリーにも達した。死の灰の代表的なセシウム137の量で言えば、広島原爆の一五〇〇倍であり、過去の大気圏内核実験で放出された総量の一〇分の一にも匹敵する量であった。

死の灰は旧ソ連国内のみならず、ヨーロッパ各地を襲い、微量ではあるが日本でも検出された。放射線の急性影響（中枢神経系・胃腸管・骨髄などの障害）による死亡者は旧ソ連の三一人だけであるが、被曝後一〇から三〇年にわたって現れるガンなどの晩発影響による死亡はヨーロッパ各国を含めて一〇万人から一〇〇〇万人にも達すると推定されている。

幸い、その後の重大事故は起こっていないが、アメリカ物理学会などからは直径一メートルほどもある一次冷却水の配管が真っ二つに破断した際の炉心溶融事故のような最悪のシナリオも指摘されており、もし日本でそのような事故が福島原発や敦賀湾一帯の原発で一基でも起これば、首都圏や京阪神で数百万人以上もの人が、がん死すると予想されている。

高速増殖炉とプルトニウム

現在実用化されている原発はウラン235の核分裂を利用するもので、原爆で言えば広島型である。この型の原発は原子炉の中および外への配管に普通の水（軽水）が冷却材として通されているので軽水炉と呼ばれる。水を使う理由は、中性子の速度を緩めてウランの核分裂の効率をあげることと、原子炉の中の熱を水蒸気として外に取り出し発電機のタービンを回すためである。

これに対し、長崎原爆と同じように、プルトニウム239の核分裂を利用しようとする計画が高速増殖炉（ＦＢＲ）計画である。自然界のウランの九九・三パーセントを占めるウラン238は核分裂を起こさないが、これに高速中性子を当てるとプルトニウム239ができ、このプルトニウム239はさらに高速中性子で核分裂を起こす。もし、プルトニウム239の核分裂で出てくる複数の中性子をうまく使えれば、原子炉の中でプルトニウム239を核分裂させてエネルギーを取り出すだけでなく、同時にウラン238をプルトニウム239に変えることが期待される。

つまり、燃やせば燃やすほど燃料が増えるという「夢の原子炉」というわけで、アメリカ、イギリス、フランス、旧ソ連などで研究開発が先行した。しかし、各国とも実験炉の段階で安全性を克服できないばかりか、経済性や核拡散への懸念などから実質的に計画を次々と断念した。とりわけ世界で唯一の実証炉「スーパーフェニックス」を作ったフランスが一九九八年に閉鎖を決定したことは象徴的である。

日本では実験炉「常陽」を経て、原型炉「もんじゅ」を敦賀市に建設した。「もんじゅ」は一九九四年四月に初臨界に達し、九五年八月より発電を開始、調整試験を行なっていたが、同年一二月にナトリウム漏洩・火災事故を起こし、その後、長期にわたる運転中断（二〇〇八年一〇月運転再開の予定）に追い込まれた。高速増殖炉では中性子の速度を緩める必要がないのと、軽水炉より二〇〇℃も高い約五三〇℃で運転するため、冷却材にはナトリウムが使われているが、ナトリウムは水と爆発的に反応し、高温で空気に触れると燃える性質があり、その漏洩・火災事故は高速増殖炉のアキレス腱である。

日本ではこの事故のために高速増殖炉計画が中断する一方、イギリス・フランスに委託していた使用済み核燃料の再処理によるプルトニウムが次々と返還されてきたため、プルトニウムは貯まり続ける一方となった。プルトニウムはわずか八キログラムで長崎級の原爆をつくることができる。日本は世界から核兵器開発の疑惑を向けられるのを避けるため、余剰プルトニウムをウランと混ぜて軽水炉で燃やす「プルサーマル計画」を立てているが、原発のある地元自治体や住民からその安全性が厳しく問われている。

原子力発電にかかわる諸問題

日本の発電に占める原発の割合は一九七〇年以後着実に伸び続け、今や発電設備容量の二割、発電電力量の三分の一以上を占めるに至っている。戦前の主力であった石炭による火力発電は戦後まもなく石油による火力発電にかわったが、石油の可採年数が一九六〇年ごろから後三〇年と言われ続け、また産油国の中近東で紛争が絶えない事情もあって、発電は石油から原子力へと比重を移していった。しかし、石油は枯渇するどころか、最近の可採年数はむしろ四五年に伸びており、実際にはウランの方が化石燃料より貧弱な資源と言うべきである。

さらに原発の核燃料をつくるためには、ウランの採掘から製錬、転換、濃縮、加工というプロセスが必要である。ウラン産出国のアメリカやカナダ、オーストラリア、ナミビアなどでは、現地の労働者や住民が採掘に伴う被曝を受けており、日本でも人形峠（鳥取県）で採掘した際の残土が未だに放置されたままである。核燃料関連の工場周辺が放射能に汚染された例も少なくないが、日本では一九九九年に茨城県那珂郡東海村にある核燃料加工会社のＪＣＯで臨界事故が発生し、二名の作業員が死亡した。

一方、原発では運転中だけでなく、定期点検とそれに伴う修理の際にも被曝の危険が高まる。日本では一九七一年に敦賀一号炉で点検補修工事に入った下請け会社の労働者が被曝した事件がその後裁判にもなったが、被曝の証明が困難なため原発労働者の被曝労災は長い間認められなかった。しかし、九一年に初の労災認定が行なわれて以後、原発労働者の被曝もようやく明るみに出始めている。

また、使用済み核燃料の再処理は核燃料サイクルの要と言われるが、放射性の廃ガス・廃液や猛毒のプルトニウムを取り扱うので最も立ち遅れている。日本ではようやく本格的な施設を六ヶ所村（青森県）に建設中であるが、イギリスのセラフィールドでは過去三〇年以上にわたる平常運転の間に広島原爆の三〇〇倍もの放射能をアイリッシュ海に放出してきたと言われ、その安全性はきわめて疑問視されている。

このように安全面からも経済面からも問題が山積みの原発を、クリーン・エネルギーと宣伝したり、温暖化対策にかこつけて推進を図る向きが多いが、それらは放射能の危険を隠蔽する以外の何物でもない。原発で二酸化炭素の排出が少ないのは運転中のみのことであり、核燃料製造や原発建設、さらに使用済み核燃料や放射性廃棄物の後始末などに必要なエネルギーは化石燃料の比ではなく、温暖化対策に有効とはとても言えない。

また、増え続けるエネルギー需要を満たすために原発は不可欠という主張もあるが、脱原発に向かう国が増えていることでも分かるとおり、原発以外のエネルギー開発に力を注ぐべきであり、さらに「先進工業国」のエネルギー大量消費を見直すことの方が先決である。

（3）　土壌・地下水汚染

土壌・地下水汚染とは

地球は地殻に覆われ、地殻は岩石と土壌からなり、土壌の厚さは全陸地平均で約二〇センチメートル程度しかない。「土」という字は、「二」が地面を、「十」が地面に生育する植物を表し、「壌」は「豊穣」と同じ意味で、穀物がよく実ることを意味するという。土壌は、植物の生育基盤であり、人間も含めた動物に食糧を供給している。また、土壌は植物や動物の遺体や排泄物を土壌中の生物が分解し、植物の栄養源としている。このように、土壌は、大気や水と並び陸地の植物、微生物、昆虫、鳥類、魚類、哺乳類などの生態系維持に欠くことのできない重要な役割を果たしている。また日本では、地下水は総水使用量の約八分の一、生活用水や工業用水など都市用水の約四分の一を占め、約三〇〇〇万人の国民が、地下水を飲用している。世界でも人口の四分の一、約一五億人が飲料水源を地下水に依存する。

土壌・地下水汚染とは、汚染物質が土壌に浸透して土壌を汚染するのみならず、地下水まで汚染することであり、地質汚染や地下環境汚染とも言う。重金属類は、比重四以上と重く、土壌に吸着されやすく、水にも溶けやすいので、土壌汚染や地下水汚染を起こす。金属製品などの洗浄用に使う揮発性有機化合物（ＶＯＣ：Volatile Organic Compounds）は、水に溶けにくいが、水よりも重く粘性も低いので、土壌中を浸透しやすく、地下水汚染を起こしやすい。また、ＶＯＣは、揮発性があり、土壌空気も汚染する。大気汚染や水質汚濁と異なり、土壌・地下水汚染は、目に見えない地下で起こる蓄積性（ストック）汚染なので、発見しにくく発見されても対策が困難な場合が多く、汚染の浄化には長い時間と多額の費用を必要とする特徴がある。汚染源は、工場の工程・施設・床などからの汚染物質の漏洩、汚染物質を含む工場排水の地下浸透、汚染物質を含む廃棄物処分場からの排水や地下浸透などが多い。汚染物質は、重金属類、化学物質、放射性物質などと多岐にわたる。

土壌・地下水汚染の顕在化

一九七〇年代に東京都の日本化学工業小松川工場、北海道の日本電工栗山工場、徳島県の日本電工阿南工場などで、工場内外に大量に投棄されたクロム鉱滓による土壌・地下水汚染が、日本で最初に問題になった。一九八四年には、兵庫県の東芝太子工場の有機溶剤であるトリクロロエチレンによる地下水汚染が発生した。また、一九八七年に千葉県君津市の東芝コンポーネンツ君津工場からの使用済み有機溶剤であるトリクロロエチレンによる地下水汚染が判明し、付近住民の井戸と市水道水源用井戸が汚染された。その後、熊本市、山形県東根市、福井県武生市、滋賀県八日市市、神奈川県秦野市などのハイテク産業立地都市で次々と有機溶剤による地下水汚染が発覚した。

環境省の二〇〇七年度調査によると、一九七五年度から二〇〇五年度末までの総事例は八六六九件、調査事例は四八八七件、土壌環境基準の超過事例は二五七三件であった。年度別の調査・対策事例数は、調査事例、超過事例ともに増加傾向であり、特に二〇〇二年度以降は急増した。超過事例二五七三件のうち重金属等が一五九〇件と最も多く、次いで揮発性有機化合物（ＶＯＣ）が六一〇件、重金属等と有機溶剤の複合汚染が三五九件であった。検出された物質は、鉛が一二〇五件、ヒ素が六七二件、六価クロムが四〇五件、総水銀が二六〇件、カドミウムが八四件などの重金属と、トリクロロエチレンが四九三件、テトラクロロエチレンが四三〇件などのＶＯＣとなっている。

一九八九年度以降、都道府県知事は、水質汚濁防止法に基づき地下水の水質汚濁状況を常時監視しており、その結果を環境省が取りまとめている。それによると、二〇〇六年度までの一七年間で地下水汚染が発見された事例数は、全国で五二三三件であった。汚染物質別超過事例数を見ると、環境基準を超えている汚染物質としては、硝酸・亜硝酸が二〇一九件で最も多く、次いでテトラクロロエチレンが一二〇二件、トリクロロエチレンの九九八件、ヒ素の六六四件、シス-1・2-ジクロロエチレンの六〇一件などが多い。また、市街地を中心として地下水汚染は、全国的に発生している。

以上の環境省調査で判明した土壌・地下水汚染は、氷山の一角と考えられる。土壌汚染調査の実施が望まれる全産業事業所数は、製造業で約六五万ヵ所、これに軍事基地、空港、鉄道施設、自動車整備工場、ガソリンスタンド、クリーニング作業場、火力発電所、研究所、病院、廃棄物処理施設などの非製造業の約二八万ヵ所を含めれば、約九三万ヵ所と、土壌環境センターは推定し、土壌汚染調査費用が約二兆円、土壌汚染浄化費用が約一一兆円と合計約一三兆円もの土壌汚染対策費用が必要と推定している。

土壌汚染対策法・条例の制定

市街地の土壌・地下水汚染問題に直面した地方自治体は、条例や指導要綱で土壌・地下水汚染対策

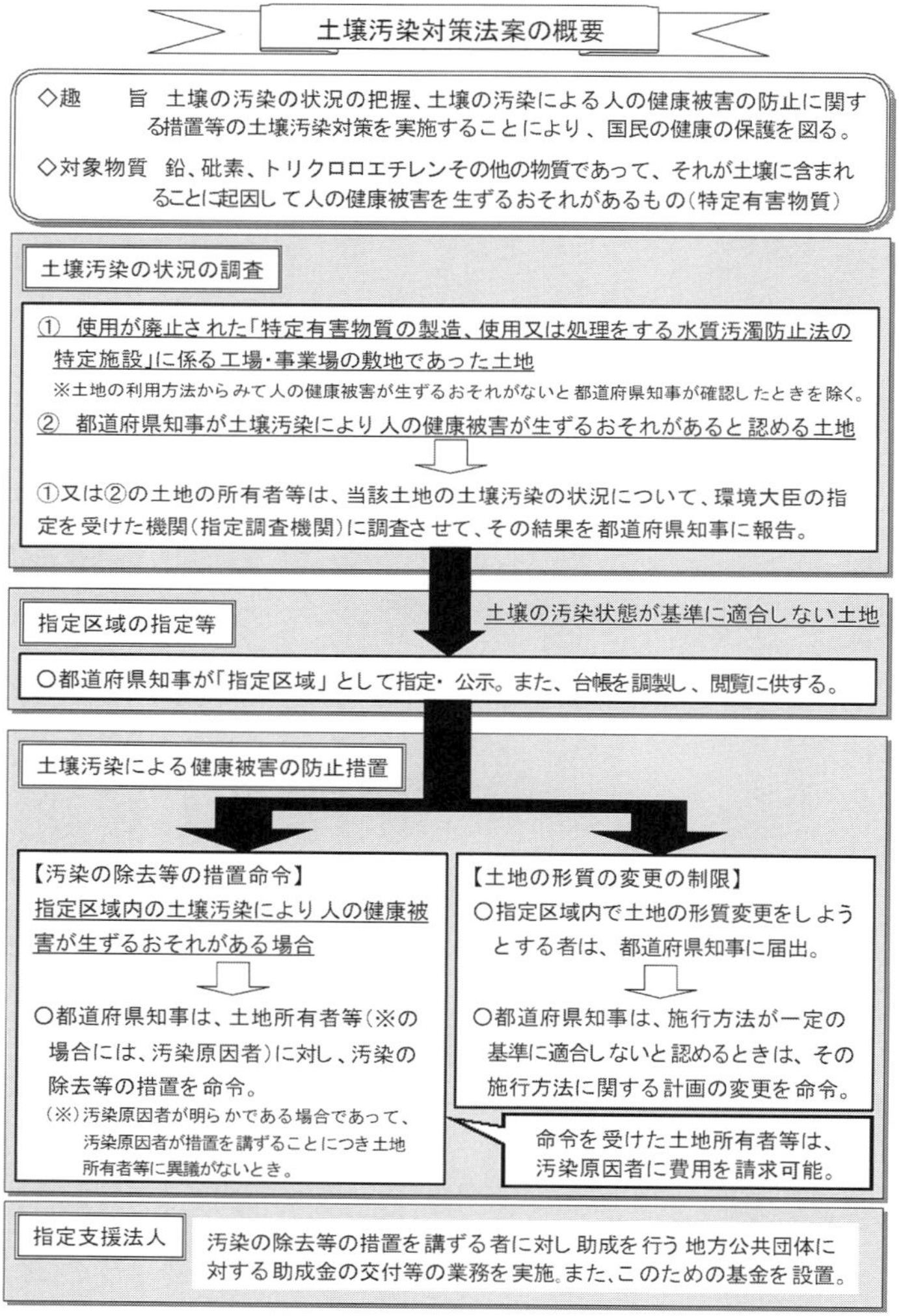
土壌汚染対策法案の概要
◇趣　　旨　土壌の汚染の状況の把握、土壌の汚染による人の健康被害の防止に関する措置等の土壌汚染対策を実施することにより、国民の健康の保護を図る。
◇対象物質　鉛、砒素、トリクロロエチレンその他の物質であって、それが土壌に含まれることに起因して人の健康被害を生ずるおそれがあるもの（特定有害物質）
土壌汚染の状況の調査
①　使用が廃止された「特定有害物質の製造、使用又は処理をする水質汚濁防止法の特定施設」に係る工場・事業場の敷地であった土地
※土地の利用方法からみて人の健康被害が生ずるおそれがないと都道府県知事が確認したときを除く。
②　都道府県知事が土壌汚染により人の健康被害が生ずるおそれがあると認める土地
①又は②の土地の所有者等は、当該土地の土壌汚染の状況について、環境大臣の指定を受けた機関（指定調査機関）に調査させて、その結果を都道府県知事に報告。
指定区域の指定等
土壌の汚染状態が基準に適合しない土地
○都道府県知事が「指定区域」として指定・公示。また、台帳を調製し、閲覧に供する。
土壌汚染による健康被害の防止措置
【汚染の除去等の措置命令】
指定区域内の土壌汚染により人の健康被害が生ずるおそれがある場合
○都道府県知事は、土地所有者等（※の場合には、汚染原因者）に対し、汚染の除去等の措置を命令。
（※）汚染原因者が明らかである場合であって、汚染原因者が措置を講ずることにつき土地所有者等に異議がないとき。
【土地の形質の変更の制限】
○指定区域内で土地の形質変更をしようとする者は、都道府県知事に届出。
○都道府県知事は、施行方法が一定の基準に適合しないと認めるときは、その施行方法に関する計画の変更を命令。
命令を受けた土地所有者等は、汚染原因者に費用を請求可能。
指定支援法人
汚染の除去等の措置を講ずる者に対し助成を行う地方公共団体に対する助成金の交付等の業務を実施。また、このための基金を設置。

土壌汚染対策法案の概要（環境省ホームページより）

を制定しており、東京都、神奈川県、千葉県、横浜市、川崎市、千葉市、名古屋市、北九州市、秦野市、市川市など、制定自治体数は二一七にのぼり、増加の傾向にある。特に、東京都は、二〇〇〇年一二月に東京都公害防止条例を三〇年ぶりに大改正し、環境確保条例を制定し、二〇〇一年四月から施行した。条例では、有害化学物質を取り扱っていた事業者は、工場廃止時に土壌・地下水汚染状況を調査し、知事に届出することと、一定の処理基準を超えた場合には、汚染拡散の防止措置を講じることを義務づけた。また、三〇〇〇平方メートル以上の土地開発を行なうときには、過去の土地利用の履歴を調査し、知事に届出し、汚染拡散を防止することも義務づけた。また、秦野市は、土壌浄化費用を補助するための基金を汚染源企業から集めて「日本版スーパーファンド」としている。

イタイイタイ病事件を契機として一九七〇年に制定された「農用地土壌汚染防止法」は、世界に先駆けるものであったが、「市街地土壌汚染防止法」は未制定であった。一九八〇年に制定されたアメリカの「スーパーファンド法」、一九九四年に制定されたオランダの「土壌保護法」、一九九八年に制定されたドイツの「連邦土壌保護法」、二〇〇〇年に制定された台湾の「土壌汚染防治法」などに遅れて、環境省は、二〇〇二年五月に「土壌汚染対策法」を制定し、二〇〇三年二月に施行された。

土壌汚染対策法の問題点

土壌汚染対策法案（前頁の図）については、国会審議中に「政省令に委ねるところがあまりにも多い」との批判があったが、政省令内容案と技術的事項案を見て、改めて次の六つの問題点を再確認することができた。二〇〇二年九月二〇日に技術的事項は、ほぼ原案どおりに中央環境審議会から環境大臣に答申され、一一月八日に施行令が閣議決定された。

(1)　使用が廃止された有害物質使用特定施設に係る工場等の敷地に調査義務が課せられるが、引き続き同一の工場・事業場又は従業員等以外の者が立ち入ることができない工場・事業場の敷地として利用される場合には、調査を行うことを要しない。

(2)　鉱山保安法に基づく命令の対象になる事業場の敷地又は跡地（鉱業権の消滅後五年以内のもの）である場合にも、調査を行うことを要しない。

(3)　土壌汚染に起因する地下水汚染が現に生じ、又は生ずるおそれがあると認められ、かつ、周辺の地下水の利用状況等からみて、地下水汚染が生じたとすれば飲用等を通じて健康被害のおそれがあると認められねば、調査を命ずることができない。

(4)　同法の対象物質となる特定有害物質は、地下水等の摂取によるリスクから土壌環境基準の溶出基準項目二六項目を対象とするが、土壌の直接摂取によるリスクから重金属等九項目のみを対象とし、揮発性有機化合物、ＰＣＢ、農薬などを対象外とする。

(5)　汚染調査と汚染除去措置を原則として汚染原因者でなく土地所有者等に義務づける。

(6)　土壌の直接摂取に係る汚染の除去等の措置は、「具体的には、原則として、通常の利用が可能な覆土（盛土）を命ずることとする。」とし、明確に「臭いものにフタ」をする方針である。立入禁止や舗装等の安易な措置も認め、土壌浄化は特別な場合とする。

以上のほかにも、土壌汚染対策法には数多くの問題点があり、土壌汚染問題の根本的解決につながる法律とはとても言えないばかりか、土壌汚染を覆土等で隠蔽し、後世に負の遺産を残すことを合法化する法律と思われても仕方あるまい。

土壌汚染対策法の施行状況

法施行後五年間で有害物質使用特定施設の使用が廃止された件数は、四一二二件だが、うち都道府県知事の確認により調査猶予がされた件数は三二一七件と七八パーセント、上記確認の手続き中の一〇〇件を加えると、三三一七件と八〇パーセントとなる。つまり、廃止工場の八割が宅地等への転用を控えて、土壌汚染状況調査の実施を免れており、ブラウンフィールズ（塩漬け土地）の予備軍と言える。そして、土壌汚染状況調査を実施した件数は九三〇件と、わずか二三パーセントと二割強にすぎない。調査命令を発出した件数は五件、汚染指定区域は二五九件と、約九三万箇所と推定される土壌汚染箇所のうち、わずかであり、実効性に乏しい「ザル法」と化している。

しかし、実際の土地売買に当たり、汚染された土地は売れなくなっており、法対象外の自主的な土壌汚染調査や土壌浄化対策（掘削除去）が活発に進行している。

（4）　廃棄物問題

古い時代の廃棄物処理

人が生活しあるいは生産する中において、他に用途を見出すことのできないもの、すなわち不要となるものの出現は避けることができない。いかなる不要物が出現するか、また社会全体の目から見て何が不要とされるかについては歴史的な条件に大きく規定され、そこに時代や地域の文化のありようも示されると思うが、ともかくも、不要物の出現をすべて消滅させることはまず不可能なことと言ってよい。そして、その不要物の処理は人間が生きていくうえで不可欠な基本的課題なのである。

ところで、不要物が多かったり、有害物を含んでいたりして、簡単に処理できない性質を有する場合、あるいは都市が形成され、個人の狭い生活空間の中だけで不要物の処理ができなくなると、地域社会や都市全体の維持のため、そこに公共的な力が介入し、その処理を適切に行なうことが求められるようになってくる。日本でも早く近世において江戸・京都・大坂の三都などでは塵芥処理の方法が検討され、時期に応じた対応が示されてきた。

都市の塵芥処理のありようについて明治以降の大阪を事例に少し述べておくと、一八七一年にはみだりに河中に塵芥投棄することを禁じ、一八七六年には四人の消防頭取に市中塵芥捨場の清掃を請け負わせる。続いて八五年には府の衛生課が市中塵芥の取り除けを直轄し掃除請負人を募集。一八八九年には大阪市が塵芥場規則・塵芥掃除規則・塵芥掃除入札請負規則をそれぞれ定めるなど、塵芥処理に関する管理方法の確立に向けて試行錯誤を繰り返してきた。このような中、都市の塵芥処理については、一九〇〇年に汚物掃除法が制定され、ごみ処理は国の意思として市の業務となった。汚物掃除法は何よりも清潔の保持を目的に制定されたものであり、そこでは焼却処分の実施が勧められたのであるが、施設の遅れは否定できず、捨場への堆積あるいは野焼きも盛んに行なわれていた。また塵芥の増加とともに、一部では海洋投棄も行なわれ、地域的な紛争になる事例も生じた。汚物掃除法は一九五四年清掃法に変えられる。

一方、都市でなくても、たとえば足尾銅山について、鉱毒被害の短期間における広範な形成原因として一八九〇年の渡良瀬川洪水で足尾銅山が堆積していた大量の鉱滓を嵐の夜一度に渡良瀬川に流し込んだことが疑われているように、近代以降産業廃棄物の処理も一部では問題となっていた。膨大な廃棄物を自社用地内に堆積したり、埋設したりすることによって問題の顕在化を抑えていた事例も多かったと思われるが、これもまたやがて大きな問題となってくる。

ごみ問題の形成

一九七〇年、公害国会において「廃棄物の処理及び清掃に関する法律」（廃棄物処理法）が制定される。高度経済成長期を通して有害かつ大量の産業廃棄物問題がいよいよ深刻となっていたこと、および都市化と都市的な生活・消費様式の形成に伴う新たな廃棄物問題の出現が顕著となり始めていたことに対処するためであった。廃棄物処理法は、その第一条に「この法律は廃棄物を適正に処理し、及び生活環境を清潔にすることにより、生活環境の保全及び公衆衛生の向上を図ることを目的とする」と書かれているように、衛生という観点のみならず、初めて生活環境の保全という考え方を打ち出した。

この時期、廃棄物量の伸びは著しく、年一〇パーセントを超えるときもあり、東京「夢の島」など、かつてつくられていた広大な最終処分場もその利用可能限度を迎え、また一方では公害源としての焼却施設の問題もさまざまな角度から解決を迫られていた。東京では七一年、杉並焼却工場の建設反対運動から「東京ごみ戦争」が宣言されたし、他の都市でも焼却場建設は不可避と認識されつつも、一方では公害源として全国で建設反対の住民運動が展開された。廃棄物問題は、一躍深刻な都市問題の一つとなったのである。ビニールやプラスチックのような燃えにくく、また有害ガスを発生させるごみや、廃電化製品あるいは廃自動車など、大型で処分しにくい廃棄物が増えてきたことも、問題をさらに困難にしていた。

一方、処理にあたっては排出業者の責任とされた産業廃棄物の不法投棄が、この時期、度外れて深刻な様相を呈し始めてきたことも重要である。一九九〇年一一月、瀬戸内海に浮かぶ豊島《てしま》（香川県）で五〇万トンにのぼる産業廃棄物の不法投棄が兵庫県警の摘発によって明らかとなったが、この業者の不法投棄が始まるのは、一九七五年のことであったと言われている。住民は何度も反対運動を展開し、取締の権限を持つ香川県当局に陳情を繰り返したが、業者はミミズの養殖業と金属回収業を不法行為の隠れ蓑とし、県は、事業者の行為は「有価金属の回収であって、廃棄物の不法処分ではない」という形式的な見解に固執し、事業者の要件が整っていることを楯に住民の意見をすべて退けてきた。そして、業者に対する監視と指導をなおざりにしてきた。しかし、事件が全国的に知られた後、住民の要求によって実施された国の調査によって、廃棄物の七割が鉛についての有害の判定基準を超過しており、土壌環境基準あるいは地下水の環境基準を超過していることも判明した。現場にはありとあらゆるものが混ぜ合わされ、野焼きされ、また放棄されて深刻な事態を引き起こしていたことが分かったのである。

このように、廃棄物処理法が制定され、排出者の責任が問われるようになって、かえって産業廃棄物等の処分に関する不適切な行為が全国に広がっていったことは、要するに、排出事業者においても、廃棄物処分業者においても、また行政においても、根本的な解決に向けて対処することなく、力の弱いところに問題を押しつけ、被害をもたらし、表面上は問題の解消を装っていこうとする傾向が示され始めていたと言ってよい。しかし、こうした中で住民の監視と運動が、こうした不当な状況の広範な形成を阻止し、行政や業者に適切な処理法の解明とその実施を求めざるをえないと考えさせる力となっていったこともまたこの時期の大きな特徴となったのである。

現代の課題

廃棄物処理問題の解決は、廃棄物の量をいかに減らすか、有害物をいかに処理するか、またこれらを実現する社会システムと技術をいかに構築するかの解決にかかっている。一九九一年一〇月、廃棄物処理法が大幅に改正されたが、その第一条では「この法律は、廃棄物の排出を抑制し、及び廃棄物の適正な分別、保管、収集、運搬、再生、処分等の処理をし、並びに生活環境を清潔にすることにより、生活環境の保全及び公衆衛生の向上を図ることを目的とする」とされて、廃棄物の「適正な処分」のみならず、「排出の抑制」・「分別」・「再生」が新たな目的として追加された。ごみの減量とリサイクルの推進が求められているのみならず、爆発性や毒性・感染性のある一般廃棄物・産業廃棄物を特別管理一般廃棄物・特別管理産業廃棄物として区分し、有害廃棄物や感染性廃棄物への対応、また産業廃棄物の広域処分体制の構築などに対応しようとされている。廃棄物は原則として国内で処分することとされ、国境を越えて廃棄物が移動することを禁止するバーゼル条約の理念も取り入れている。しかし、産業廃棄物の処分に対する住民の不信はまだまだ根強く、これにどう応えるかは今後の大きな課題である。

この時期、ごみ焼却場におけるダイオキシンの発生が実証され、高度に汚染された焼却場の存在も明らかになったが、このことも、風評被害や汚染土の処分の問題と合わせて深刻な問題を投げかけている。自治体の焼却場ではガス溶融炉の設置が急速に進められているが、高額な経費とともに、その技術の是非もまた各地で問われている。

九〇年代に入り各種のリサイクル法が制定されたことも大きな動きとして注目しておかねばならない。九一年には再生資源の利用の促進に関する法律（リサイクル法）、九五年には容器包装の分別収集及び再商品化の促進に関する法律（容器包装リサイクル法）、九八年には家電リサイクル法というものである。

ところで、廃棄物のうち、このような法の枠から一貫して除外されているものに核廃棄物の問題がある。核廃棄物についても広く廃棄物処理問題として考察されなければならないが、これはその性質上特別な注意と対応が求められている。改めて検討すべき課題であることだけを指摘しておきたい。

(5)　自動車排ガス

はじめに

我が国の大気汚染公害の主役は、一九七〇年代後半以降、工場排煙から自動車排ガスに大きく変化してきた。そのため、被害者救済と公害根絶を求めて取り組まれた全国各地の大気汚染公害訴訟も、大阪・西淀川、川崎、尼崎、名古屋南部、東京と、いずれも自動車排ガスによる公害責任を問題としてきた。なお、東京では、幹線道路の設置管理者である国や道路公団ばかりでなく、自動車メーカーの公害責任も追及された。近時、自動車ＮＯ$_X$・ＰＭ法による排出規制の強化によって、二酸化窒素（NO_2）汚染などは改善傾向を示しているが、依然として幹線道路沿道を中心に気管支ぜんそくなどの公害患者の発生は続いており、現在もなお自動車排ガス公害の根絶は焦眉の課題である。

自動車排ガスによる大気汚染の現状と公害患者の発生

我が国の大気汚染の現状は、二酸化窒素（NO_2）や浮遊粒子状物質（ＳＰＭ）だけを見れば、ここ数年間は大都市圏および幹線道路の沿道でも改善傾向を示している。

大都市圏においては、二〇〇二年度では、一般環境測定局において、ＮＯ^{2}の環境基準の上限値（年間における一日平均値のうち低い方から数えて九八パーセント目にあたる値〔一日平均値の年間九八パーセント値〕が〇・〇六ｐｐｍ以下）を達成できなかった測定局が、東京、神奈川および大阪に存在し、自動車排出ガス測定局では、埼玉、千葉、東京、神奈川、愛知、三重、大阪、兵庫、京都、福岡、長崎にそれぞれ存在していた。同じくＳＰＭの環境基準（年間における一日平均値のうち測定値の高い方から二パーセントの範囲内にあるものを除外した日平均値の最高値〔一日平均値の二パーセント除外値〕が〇・一〇ミリグラム／立方メートル以下であり、かつ、年間を通じて一日平均値が〇・一〇ミリグラム／立方メートルを超える日が二日以上連続しない）を達成できなかった測定局も、一般環境測定局、自動車排ガス測定局ともに、関東地域を中心として、東海地域、大阪・兵庫地域、広島・岡山地域、九州地域に広く分布していた。

しかし、二〇〇三年度以降は、NO$_2$、SPMとも一定の改善傾向が見られ、たとえば、大阪では、二〇〇三年度、二〇〇四年度では、NO$_2$は、自動車排ガス測定局七局以外は環境基準の上限値を超過せず、SPMでも二年間にわたって全局で環境基準が達成され、二〇〇五年度では、さらに大阪府全体でもNO$_2$の未達成局は三局にまで減少している。同様の傾向は、他の大都市圏でも基本的に認められている。

その最大の要因は、二〇〇一年六月に制定された「自動車NO$_X$・PM法」による自動車単体規制の強化である。この法律には、NO$_X$とともに粒子状物質（PM）も新たに削減対象に追加され、ディーゼル乗用車を規制対象に含め、トラックの排出規制も強化されるなど、車種規制の強化が図られた。近時の改善傾向は、この法律による規制の効果が現れてきていることが大きな要因である。同時に、不景気の影響によって交通量が横ばいになっていることも大気環境の改善の要因として指摘できる。

しかし、留意しなければならないのは、依然として、幹線道路沿道を中心に、気管支ぜん息などの公害患者の増加が続いていることである。

そのことを示しているのが、文部科学省が実施している学校保健統計調査である。同調査によれば、全国のぜん息児童の患者数の増加は顕著である。ぜん息児童の割合を一九九三年度と二〇〇三年度で比べると、幼稚園では〇・八パーセントから一・五パーセントに、小学校では一・二パーセントから二・九パーセント、中学校では一・〇パーセントから二・三パーセントに、高校では〇・七パーセントから一・三パーセントに、いずれの年齢層を見ても大幅に増加している。特に大都市圏でのぜん息児童の割合はきわめて高く、大阪市における二〇〇四年度の小学生のぜん息児童の割合は約七・五パーセント、中学生でも五パーセントを超えており、全国平均の二倍以上にのぼっている。

また、各地方自治体が条例や要綱などによって独自に認定する呼吸器疾患の患者数を見ても、東京都の条例患者数（一八歳未満）は、一九八八年度の一万八八二二人から二〇〇〇年度の五万一一二二人に約三倍も増加し、川崎市の条例患者数（二〇歳未満）も、一九八五年度の一五四六人から二〇〇〇年度の五九九二人へと約四倍に、大阪市の要綱患者数（一五歳未満）も、一九八八年度の三六二七人から二〇〇〇年度の二万四〇九人へと約六倍に増加している。

以上のように、気管支ぜん息患者数の増加は依然として続いていることが分かる。

ディーゼル微粒子などのＰＭ２・５の危険性

NO_2やＳＰＭなどに改善傾向が見られるにもかかわらず、気管支ぜん息などの公害患者が増加している点で重要なのは、トラックなどのディーゼル車から排出されるディーゼル微粒子などのＰＭ２・５と言われる物質である。ＰＭ２・５に関しては、近時、国内外で、健康に重大な影響があることを示す医学的、疫学的研究が次々に明らかにされ、今や、健康影響の主要な原因物質として大きな注目を集めている。

ところが、我が国では、ＰＭ２・５の常時測定箇所が多くなってきているとは言え、未だ測定方法も確立されておらず、そのために常時測定体制もきわめて不十分なままであり、環境基準も設定されていない状況である。諸外国と比較しても、幹線道路沿道を中心に、ディーゼル微粒子の深刻な汚染が進行していることは各種調査で報告されており、測定方法の確立と常時測定体制の整備、環境基準の設定が緊急に求められている。

また、NO_2に関しても、環境基準を達成したと言っても環境基準の上限値を達成しただけであり、健康で安心して生活できる大気環境のためには、今後もさらなる改善が求められていると言ってよい。

自動車排ガスの健康影響に関する裁判の経過と研究の動向

以上のような、一九七〇年代後半からの自動車排ガス汚染の進行の中で、司法判断においても、相次いで自動車排ガスに関する健康影響が認められてきている。

自動車排ガスの健康影響に関しては、九〇年代前半までは、西淀川一次判決（九一年）、川崎一次判決（九四年）と、自動車排ガスの健康影響そのものを認めないという判決が続いたが、その後、九五年七月の西淀川二次判決、九八年八月の川崎二次判決と、次々に自動車排ガスの健康被害を認める判断が出され、基本的には幹線道路の沿道五〇メートルに居住する住民に対する損害賠償が認められた。その後も、二〇〇〇年一月三一日の尼崎判決、同年一一月二七日の名古屋南部判決と同様の判断が続き、自動車排ガスによる幹線道路沿道での健康被害に関しては、司法判断はほぼ定着したと言える。

なお、東京大気訴訟では、自動車メーカーにも損害賠償を請求していたが、メーカーの社会的責任は認めたものの法的責任は否定された。

さらに、自動車排ガスの健康影響に関しては、米国・カリフォルニアにおける調査で、一般環境の大気中粒子とぜん息・慢性気管支炎などの発症・増悪との間に有意な関連が繰り返し認められているのをはじめ、欧米の短期影響研究でも、一般環境のNO_2あるいは大気中粒子濃度の上昇に伴い、ぜん息などによる死亡、入院、救急治療室利用、気管支拡張剤の使用、往診などが増加するとの有意な関連を見出した研究が多数蓄積されている。我が国の千葉大調査・暴露評価研究でも、一般局のNO_2濃度が高い地区ほど、ぜん息発症率が高く、〇・一ppmあたりの発症危険が二・一倍と明確に有意な関連性が認められるという研究結果が報告されている。

自動車排ガスによる公害患者らの置かれている現状

現在の自動車排ガスによって公害病を発症した公害患者らは、一九八八年に公害健康被害補償法による救済が打ちきられたことから、きわめて深刻な状態に置かれている。

日弁連公害対策・環境保全委員会の公害被害者らの聞き取り調査によれば、たとえば、あるトラック運転手は、四六歳のときにぜん息を発病し、仕事を休めばたちまち収入がなくなるので入院を勧められても断わらざるをえない状況が続き、夜中に発作が起きても朝まで必死にこらえ、生活のために仕事を休むことができず、ほとんど眠らないまま仕事に出かける生活を繰り返していたところ、死亡事故を起こし解雇されてしまい、現在は生活保護を受け、月約一〇万円で妻と二人の生活をしているとのことである。また、ある被害者は、化粧品販売会社を経営していた三六歳のときにぜん息を発病したため、営業活動ができず仕事も休みがちになり、やがて働くことができなくなってしまい、会社をたたまざるをえなくなって収入が途絶え、生活苦から夫婦の関係も悪化してついには離婚したとのことであり、夜中に発作を起こすと、タクシー代も含めて一万円くらいかかるのでわずかな蓄えも使い果たし、全財産が一〇円硬貨数枚となって死を覚悟したこともあったとのことである。

さらに、東京経済大学学術研究センターが東京大気訴訟の原告を対象に行なった「東京における大気汚染公害の『未認定』患者に関する被害実態調査」によれば、主たる家計支持者の年収が三〇〇万円未満である者が未認定患者の五〇パーセントを占め、年代別に見ても三〇代、四〇代、五〇代の働き盛りに年収三〇〇万円未満の者がそれぞれ四〇パーセント程度いることが明らかになった。東京都のデータから、勤労者世帯の「男性」の世帯主、平均年齢四六・五歳の年収を算出すると約六二九万円となることから、未認定患者がいかに低収入で生活しているかが明らかになった。中でも、医療費の負担は大きく、患者は薬の服用による病状コントロールや発作のため、月二～三回程度の通院が必要であり、年間の通院日数が一〇〇日を超える患者も多く、一回の通院に最低五〇〇〇円程度を要するため、毎月の通院費は二～六万円ほどにもなる。さらに、発作等で入院すると、一度の入院で一〇～二〇万円を要し、これに他の入院患者らへの迷惑を考えて個室を使用することになれば差額ベッド代も必要となり、医療費は膨大な金額になる。こうしたことから、医者から入院を勧められても入院を断る患者も多いと言われ、そのことが症状の悪化にも結びつき、被害が一層増大することになっている。

まとめ

以上述べてきたように、我が国では、七〇年代後半以降自動車排ガスによる大気汚染公害が深刻に進行し、現在もディーゼル微粒子などのＰＭ２・５の自動車排ガス由来の汚染が進行している。そのために、今なお多くの公害患者らが被害救済もないまま放置されている状況である。

したがって、自動車排ガスによる被害救済と公害根絶は、現在も依然として焦眉の課題である。

第三部　公害問題が問いかけているもの

1　制度・システム

（1）　公害法規

公害法規とは

公害とは、「環境保全上の支障のうち、事業活動その他人の活動に伴って生じる相当範囲にわたる大気の汚染、水質の汚濁、土壌の汚染、騒音、振動、地盤の沈下および悪臭によって、人の健康や生活環境に係わる被害が生じること」を言う（環境基本法第二条三項）。

すなわち、公害とは、①ここに書かれている典型七公害であること、②その汚染が相当範囲にわたること、③人の健康や生活環境にかかわる被害が生じていることを要するとされている。こうした公害を未然に防止し、汚染が生じた場合には汚染を除去し、被害を救済し、公害紛争を予防し、解決することを目的とする法体系を公害法規と言う。

公害法規は、公害法規の憲法ともいうべき環境基本法を頂点に、分野（規制、被害者救済、事前予防など）や媒体別（大気、水質、土壌など）に、法律、政令・内閣府令・省令、条例、規則などさまざまな法規から成り立っている。

法律は、典型七公害ごとに制定されている。

①　水質汚濁に関する法律…水質汚濁防止法、湖沼水質保全特別措置法など
②　大気汚染に関する法律…大気汚染防止法、自動車ＮＯｘ・ＰＭ法（自動車から排出される窒素酸化物及び粒子状物質の特定地域における総量の削減等に関する特別措置法）など
③　土壌汚染に関する法律…土壌汚染対策法、農用地土壌汚染防止法など
④　騒音に関する法律…騒音規制法など
⑤　振動に関する法律…振動規制法など
⑥　地盤沈下に関する法律…「建築物用地下水の採取の規制に関する法律」など
⑦　悪臭に関する法律…悪臭防止法

また、生じてしまった公害被害の救済や紛争の解決のための法律として、公害健康被害補償法、公害紛争処理法などがある。また、公害問題の解決のためには、こうした規制法や被害救済、紛争処理だけでは不十分で事前防止のための法律として、事前に事業の実施にあたり、それが環境に及ぼす影響を予測・評価する環境影響評価法（アセスメント法）がある。また、公害犯罪を処罰する法律として公害犯罪処罰法や各個別法の中の処罰規定があるが適用事例は少ない。

さらにこうした成文法だけでなく、判例法などが公害法規を形成する。公害は、社会的には予期されていなかった事象であり、未だ成文法が整備されていないか、法律があってもその法の適用範囲としては予定されていなかった問題が少なくないため、具体的な公害裁判を通じて形成される判例法が重要な位置を持つことになる。

公害法規の生成――戦前の公害法規

公害は、明治政府の富国強兵・殖産興業政策による近代鉱工業の発展とともに発生した。公害が社会問題化すると、被害を受けた住民、農民や漁民は、原因企業への要請を行なったり、行政にその取締を要求することになる。

日本の公害法規の最初の例は、一八八三年の、大阪市中心部の船場・島之内に騒音の著しい鍛造工場や亜硫酸ガス（SO_2）を発生する銅吹工場の建設を禁じた大阪府令とされている。昭和に入ると昭和七年（一九三二）から一一年までの間に、大阪府、京都府、兵庫県などが相次いで煤煙防止規則を制定した。第二次世界大戦前にすでに四一都道府県がなんらかの公害法規を持っていた。しかし、これらの公害法規は対症療法的で、まとまった公害法規はなかったと言ってよい。

また、足尾銅山、別子銅山などで、鉱山の操業に基づく水質汚濁や大気汚染などが深刻な被害をもたらし、大きな社会問題に発展した。最初は反対運動を弾圧していた政府も、なんらかの対処をせざるをえなくなり、一九三九年に、被害が生じた場合には、鉱山側に過失があったかなかったかを問わずに賠償責任を負う無過失責任制度が鉱業法に導入された。戦前の国レベルの公害法規はこの鉱業法の無過失責任規定の導入くらいしかない。

第二次世界大戦後の公害法規の発展

第二次世界大戦後しばらくは環境的には良好な状態が続いたが、産業の復興とともに、公害もまた復活した。一九五〇年代から始まる経済の高度成長期には、公害は戦前のレベルをはるかに超えて拡大し、深刻化した。こうした深刻な公害現象の復活に対して、法もこれを規制せざるをえなくなる。しかし、ここでも公害法規の制定は地方自治体の方が早かった。一九四九年の「東京都工場公害防止条例」をはじめとして、大阪府や神奈川県で相次いで事業場公害防止条例が制定された。これに対して、国が公害法規をつくったのは、五八年の、江戸川上流の製紙工場からの排水により漁業被害を受けた下流の漁民が抗議のために工場に乱入するという事件を契機に制定された水質二法が最初である。それから四年遅れて六二年に「ばい煙規制法」が制定され、六七年には「公害対策基本法」が制定されている。しかし、この時期までの法規制はまだ対症療法的な側面が強く、経済発展と融和的であった。公害対策基本法第一条に、「環境と経済との調和」の記載があったことがその象徴である。ばい煙規制法も、国が指定した地域において粉塵および亜硫酸ガス（硫黄酸化物）の排出を規制するもので、粉塵については一定の効果を発揮したが、硫黄酸化物については規制のレベルが緩く、大気汚染問題の解決にならなかった。現に、四日市などの新産業都市では硫黄酸化物汚染が激化し、ぜん息患者が多発していた。四日市公害裁判が提訴されたのは、「ばい煙防止法」が制定された五年後の六七年である。

公害法体系の整備

経済の高度成長とともにもたらされた深刻な公害問題に対し、六七年から、新潟水俣病、四日市大気汚染、イタイイタイ病、熊本水俣病などの裁判が相次いで提起され、公害反対運動は燎原の火のごとく全国に広がっていった。こうした公害反対の世論は、各地で公害対策を行政の主軸にすえる首長を各地で産み出した。六七年には東京に美濃部都政が誕生し、六九年には国の規制基準より厳しい基準を定める東京都公害防止条例が制定された。こうした公害被害者や地域住民の公害反対運動、自治体の公害行政の前進に押される形で、一九六〇年代末から七〇年代初頭にかけて、国レベルの公害法規がまとまった形の法体系として整備されることになる。

七〇年の臨時国会（いわゆる公害国会）では、公害対策基本法から「経済との調和条項」が削除され、一四にのぼる公害法規が制定あるいは改正された。規制対象を指定水域に限定していた水質二法が廃止され、すべての水域を規制対象とする水質汚濁防止法が制定された。規制方法も、排出量が増えれば汚染物質の排出総量は増えてしまう従来の濃度規制から、排出総量を規制する総量規制の手法が導入されるようになる。七二年には、大気汚染防止法と水質汚濁防止法に無過失責任が導入された。翌七三年には、環境基準もより厳しい基準に改定されている。

また、被害救済の面でも、七二年の四日市大気汚染公害裁判で原告被害者側の勝利が直接の契機となって、七三年に公害健康被害補償法が成立する。この公害健康被害補償法は、汚染企業の拠出金で被害者への治療費や生活保障を行なうもので、汚染者負担原則を導入した画期的な法律である。こうした法改正、整備だけでなく、七一年には、それまでの産業政策にかかわる分野は通産省、健康にかかわる分野は厚生省といった縦割り行政ではなく、公害行政を一元的に取り扱う官庁として環境庁が設置された。

公害法規の手法

公害法規の典型的な手法は規制的措置である。法によって、公害の原因となる事業活動などを制限、禁止し、汚染の除去や浄化を義務づける方法である。具体的には、工場などにおける公害発生施設を特定、指定し、汚染物質の許容基準（規制基準）を定め、その遵守を義務づける。また、典型七公害のうち、大気、水質、土壌および騒音について、人の健康を保護し、生活環境を保全するうえで維持されることが望ましい基準として環境基準を定め、これを政策目標として、この環境基準を達成するための各種の計画を策定している。

環境基準が科学的判断により適切に定められるなら問題はないが、時として政治的にその基準がゆがめられることがある。一九七八年七月に、二酸化窒素（NO_2）の環境基準が、それまでの日平均値〇・〇二ｐｐｍから、〇・〇四ｐｐｍないし〇・〇六ｐｐｍのゾーン内またはそれ以下と、二倍から三倍に改訂された際には大きな批判が巻き起こった。この環境基準の緩和によって、それまで全国の九割以上の地域が二酸化窒素の環境基準を満たしていなかったのが、基準が緩和されることにより一夜にして全国の九割以上の地域が環境基準を達成してしまったのである。

法は公害被害者や住民の闘いの中でつくられるもの

近代法の基本理念は、「すべての人は生まれながらにして自由にして平等である」とし、そのような平等な各個人が自由な意思で投票し、選出された議員によって制定された法律は、その社会の構成員の多数者意思を表現するものとして、法律は当該社会の社会関係を公正に規制するものとして理解されることになる。

しかし、現実の社会は決して平等ではなく、法律が多数者の利益を代表しているとは限らない。また、自由にして平等であることを前提としてつくられる法は、現実の社会に存在する不平等の中では、強者に有利に働き、弱者には法そのものが障碍になることも多い。たとえば、公害裁判などで損害賠償請求の根拠となる民法第七〇九条は、自由で平等な個人間の紛争を想定してつくられ、損害賠償を請求する方に、損害の発生や、損害と原因行為との因果関係などの立証責任を負わせているが、農民や漁民、庶民が巨大な企業に損害賠償を請求するという構造を持つ公害裁判では、この立証責任が障碍となってしまうのである（「(2)　公害裁判」の項を参照のこと）。公害裁判は、こうした実質的に不平等な法規を、弱者である公害被害者にとって平等に適用されるよう変えていく闘いでもあったのである。

公害法規の生成の歴史は、公害被害者や住民の闘いなしに、公害を規制する法律などは自然発生的には生まれないことを示している。

(2)　公害裁判

公害被害者は、なぜ公害裁判を起こしたか

一の公害は九州の水俣。水俣の水銀、あんた方も水銀使ってたんだ。水銀を流せばどうなる。わかっていたはずだ。なんで流したんです。うちの子供は殺さんかってよかったんだ。あんた方人殺しですよ。政府や財界がしっかりしていて、本当に国民の立場にたっていれば、第二の水俣病はおこさんでもよかったんだ。九州水俣の水銀をほっぽらかして、利益ばっかり取ったすけ、我々は犠牲になったんでしょう。そういうことのないように思って裁判やってんだ。いま、一番、我々の本当の真のささえになるのは裁判だ。おいつめられての裁判ですけれね。猫でも、犬でも、鳥でも、せつのうなれば相手にかぶりつく。金もない、職業もない、働きたくても体をこわされている。そのうえ政府はあのザマ。黙っていたら国民の命はいくらあっても足りない。一握りの財閥にみんな殺されっちまうんだ。これをこのままにすれば、日本は暗闇になる。第三のこういう病気を起こさないようにてんで裁判をお願いしたわけです。

これは、一九六七年六月、新潟地方裁判所に裁判を提訴した新潟水俣病裁判の原告（公害被害者）の意見陳述である。この陳述の中に、公害被害者がなぜ裁判を起こさざるをえなかったのか、裁判に何を期待したのかが、端的に示されている。

第二水俣病

一九五六年四月、熊本県水俣市で、四人の子供の患者がチッソ水俣工場付属病院に入院した。四肢の筋肉の硬直、ふるえ、眼はうつろ、よだれを垂らし、狂声を発する。原因不明であった。病院長の細川一は、水俣保健所に「原因不明の中枢神経疾患が多発している」と届け出た。水俣病の公式発見である。

水俣病は、工場から排出される有機水銀（メチル水銀）が魚介類を通じて人間の体内に入り、脳を損傷し、あるいは母体の胎盤から胎児に入って発病する公害病である。翌五七年一月には、熊本大学の水俣病研究班は、「水俣病は重金属による中毒と見なされ、かつ、原因は魚介類によるもの」と断定した。五九年一〇月、細川一は、チッソ水俣工場の廃水をネコの餌に混ぜて食べさせ、水俣病が発病することを確認し、チッソに報告した。しかし、チッソはこの実験結果を隠し、ネコに水俣病は発症しなかったと発表し、実験も禁止した。この年の年末、熊本県知事の斡旋で、金銭的に困窮状態にあった被害者の状況に乗じて、死者の弔慰金三〇万円という、後に判決で公序良俗に違反する無効な契約と断罪された見舞金契約が、チッソと被害者の間で調印された。この見舞金契約には、「患者は将来、水俣病がチッソの工場廃水に起因することが決定した場合においても新たな補償金の要求は一切行わないものとする」との条項が記載されていた。

この見舞金契約によって、熊本水俣病は社会的に沈静化し、それから五年、チッソ水俣工場とまったく同じアセトアルデヒド製造工程を持つ昭和電工鹿瀬《かのせ》工場で新潟水俣病が発生したのである。

公害訴訟の困難性

第二次世界大戦後の経済の高度成長は、一方で日本全国に公害を現出し、人間の生命、身体まで侵害するようになった。健康を侵された公害被害者は、加害企業に対し、受けた被害の賠償と汚染物質の排出を止めることを求めた。しかし、加害企業はその責任を認めようとせず、行政も企業側に立って、被害者を救済しようとしなかった。公害被害者は、どこも頼るところがなく、裁判所に頼るしかなかったのである。

一九六七年六月の新潟水俣病裁判を皮切りに、同年九月には四日市大気汚染裁判、翌六八年三月にはイタイイタイ病裁判、六九年六月には熊本水俣病裁判が提起された。後に四大公害裁判と言われるものである。

しかし、公害裁判を提起すること自体に大きな困難があった。庶民にとって、裁判はお金と時間がかかるもので、それに巨大企業を相手にしても勝てる見込みはないとの意識も強かった。また、公害だと騒ぐことは、米が売れなくなる、獲った魚が売れなくなる、嫁の来手も、嫁のもらい手もなくなることを意味した。公害被害者だと名乗り出ること自体に大きな困難があったのである。

被害者が最後の手段として頼った裁判も、決して平坦な道ではなかった。公害裁判は、加害者である被告企業の不法行為責任を問う裁判である。こうした不法行為を問う裁判では、立証（証明）責任は基本的に原告側（被害者側）にある。公害被害者側が、不法行為の成立要件である、①原因物質の特定、②原因物質と被害との因果関係、③加害企業の故意または過失、④被害者の受けた損害など、すべてを主張・立証しなければならないとされている。

しかし、原因物質や工場の工程などの資料も情報も、すべて加害企業が独占していた。行政も企業側に立って、原因究明を妨害した。一方、公害被害者は漁民であったり、農民であったり、労働者であったり、普通の庶民であったりして、何の資料も、科学的知識も持っていないことが多い。また、こうした裁判を維持するためには、膨大な資金が必要となる。公害裁判の被害者側弁護団は手弁当であったが、それにしてもさまざまな調査や裁判で提出する資料の印刷などに膨大な費用がかかる。筆者が担当した西淀川大気汚染公害裁判では、一回の裁判で提出する証拠のコピー代だけで一〇〇万円を超えることもたびたびだった。

こうした裁判の困難性を克服できたのは、被害者が集団的にまとまり、その被害者を支え、支持する支援組織や国民世論が形成されたからである。弁護士も弁護団を結成して、集団で対応するようになった。そして多くの科学者が、これも手弁当で裁判に協力した。こうした支援組織や被害者を支持する国民世論が形成され、弁護士や科学者の協力が得られたのは、公害被害の悲惨さにある。悲惨な被害を目の当たりにして、人間としてこれを放置できないとの思いが、支援者も、弁護士も、科学者も動かしたのである。

公害裁判の限界とその意義

四大公害裁判は、一九七一年のイタイイタイ病判決をはじめとして、次々と原告被害者側の勝訴判決が下された。

しかし、裁判で勝利しても失われた命も健康も戻らない。賠償金も被害の塡補には少なすぎる。では、何故、裁判をするのか。

公害裁判の最大の目的は、公害の加害責任を明らかにすることであった。加害責任が明確にならなければ被害者の救済も、公害防止もありえなかった。イタイイタイ病対策協議会が、加害企業である三井金属鉱業神岡鉱業所に補償を要求して抗議行動を行なった際、工場側は、「公の機関が多少なりとも三井の責任があるというなら、こんな遠い所に暑い中おいでにならなくても、私の方から補償に参上します。天下の三井ですから逃げも隠れもしません」と被害住民を追い返した。被害者の救済、公害防止のためには、まさに「公の機関」である裁判所に、加害企業の「責任」を明らかにしてもらう必要があったのである。

こうした公害裁判を通して、法理論も著しい発展を示した。四大公害裁判が提訴された当時の判例や学説では、いずれの公害裁判も法理論の面でも勝利は展望できなかった。しかし、被害者側が蓋然性を証明をすれば、加害者側がそれを破る証明に成功しない限り因果関係は認められるとか、危険な化学物質を扱う企業は世界最高水準の調査や対策をしない限り責任を免れないなどの、新たな法理論を裁判所が採用することにより、被害者側の勝利が得られたのである。

また、因果関係と責任を明らかにした判決をテコに、公害被害者と弁護団は加害企業との直接交渉で、被害者の将来の生活補償や療養に要する費用の支払い、汚染土壌の復元、工場への立ち入り調査を認めさせることに成功した。こうした要求は、金銭賠償を基本とする裁判では勝ち取れないものである。

また、四大公害裁判の被害者側勝利が契機となって、七三年、加害企業の拠出金で公害被害者を救済するという、汚染者負担原則を採用した「公害健康被害補償法」が制定された。これも公害裁判の成果と言ってよい。また、公害裁判は公害法規の整備も促した。七〇年の「公害国会」では、公害基本法から「経済との調和条項」が削除されるとともに、一四の公害法の制定や改正が行なわれ、翌七一年には環境庁が設置された。

損害賠償から差止請求へ

裁判での損害賠償はあくまで事後的救済であって、裁判で勝利しても失われた命も健康も戻らない。四大公害裁判を通じて、公害被害を未然に防止することの必要性が強く認識され、公害裁判は損害賠償から差止請求へとその重点を移すことになる。

公害裁判で最初に差止請求を認めさせたのは、一九六九年に提訴された大阪空港裁判である。しかし、八一年に出された大阪空港裁判の最高裁判決は、差止請求自体を認めず、差止請求は冬の時代に入ることになった。こうした状況を打ち破って、再度、公害裁判で差止請求が認められるには、二〇〇〇年の尼崎大気汚染公害訴訟判決まで一九年を要することになる。

大気汚染裁判の原告の合い言葉は、「手渡したいのは青い空」であった。公害の苦しみは子や孫には味あわせたくない。子や孫には青い空を手渡したいというのである。こうした公害被害者の願いは、汚染物質の差止請求が認められて、初めて実現できるのである。

（3）　国際協力

国連決議

一九八九年一二月、国連総会は九二年に「環境と開発に関する国連会議（ＵＮＣＥＤ）」（通称：地球サミット）をブラジルのリオデジャネイロで開催することを決議した。この決議では、次のように地球サミットの開催理由を述べている。

環境はますます悪化し、地球の生命維持システムが極度に破壊されつつある。このままいけば、地球の生態学的なバランスが崩れ、その生命をささえる特質が失われて生態学的なカタストロフィー（破局）が到来するだろう。私たちは、この事態を深く憂慮し、地球のこのバランスを守るには、断固たる、そして緊急の全地球的な行動が不可欠であることを確認する。

国連が最初の環境会議である「国連人間環境会議」を、スウェーデンのストックホルムで開催したのは七二年である。会議の背景には、日本やヨーロッパ諸国における公害の激化があり、会議を呼びかけたスウェーデン自身は、ドイツなどから国境を越えて移動した大気汚染物質による酸性雨の被害に悩まされていた。この会議には、世界一一三ヵ国の政府代表や非政府組織（NGO）などが集まり、「人間環境宣言」や一〇九項目にわたる「行動計画」を採択し、国連システムの中で環境問題を専門的に扱う「国連環境計画（UNEP）」の設立を決めた。

しかし、人間環境会議から一七年。ほとんどの分野で公害や環境の状況は悪化し、地球サミットの開催を決める国連決議がなされた八九年ごろには、国境を越えるさまざまな公害問題や地球規模の環境問題が国際政治の大きな課題になっていた。

こうした国境を越える公害・環境問題は一国の努力では解決不能で、必然的に国レベルでも、市民レベルでも国際的な協力を要請することになる。

「公害輸出」

地球規模の公害・環境問題と言っても、さまざまなものがある。「公害輸出」もその一つであり、その典型的な事例が、日本の企業がマレーシアで起こした放射性廃棄物による公害問題である。

日本の三菱化成の出資により、七九年に設立されたエイシアン・レア・アース（ARE）は、ハイテク産業に不可欠のレア・アース（希土類）を、モザナイトから精製・抽出する会社である。三菱化成がマレーシアにレア・アースの生産工場建設を検討し始めたのは、七三年とされる。公害反対運動の高まりの中で、六八年には日本の原子炉等規制法が改正され、モザナイトの精製・抽出は日本ではできなくなっていたため、規制の緩いマレーシアに工場を建設することにしたのである。レア・アースの精製・抽出の過程で放射性物質であるトリウムを含んだ鉱滓《こうさい》が副産物として生成される。トリウムは有害なアルファー線を出し、人体に入ったときの毒性はプルトニウムなどと同様に高い。AREは、このトリウムを含む鉱滓を何の防御策も施さず、工場裏手に山積した。住民はその危険性について何も知らされず、鉱滓の周辺で子供たちが遊び、肥料として野菜畑にまく住民もいた。AREの操業後一〇年を経ずして、付近住民に流産や新生児の死亡、白血病、小児がん、先天性障害などの、放射性物質の暴露によるとしか考えられない深刻な被害が発生した。

この工場は後にマレーシアの裁判所から操業停止を命じられている。三菱化成は四日市大気汚染公害裁判の被告企業の一つであり、判決で操業開始にあたって環境アセスメントを行なわなかったことを厳しく断罪されていた。しかし、マレーシアでレア・アースの精製・抽出の工程で放射性物質が産出されることを知りながら、まったくアセスメントを行なっていなかった。

国際環境条約

七〇年代から八〇年代にかけて、「公害輸出」だけでなく、政府開発援助（ＯＤＡ）による事業が引き起こす環境破壊、有害廃棄物が国境を越えて移動し環境汚染を引き起こす「有害廃棄物の越境移動」、熱帯林の減少などの天然資源の国際間での取引に伴い引き起こされる自然破壊や生態系の破壊、また地球温暖化問題やオゾン層の破壊などの地球規模に広がる公害・環境問題が、経済の国際化（グローバリゼーション）とともに深刻化していった。こうした地球規模に広がる公害・環境問題に対処するためには、関係する多数の国が共同して対策をとらねばならず、そのための多国間環境条約が必要となる。

酸性雨の問題では、人間環境会議の二年後の七四年に北欧四ヵ国が「北欧環境保護条約」に調印し、七九年には欧州レベルで「長距離越境大気汚染条約」が締結された。八五年には、フロンガスによるオゾン層の破壊による人の健康や環境への悪影響を防止し、フロンガス規制の適当な措置を課す条約（ウィーン条約）が合意され、八七年にはフロンガスなどの消費および生産を具体的な数値により規制するモントリオール議定書が合意された。また、有害廃棄物の越境移動に対しては、八九年に有害廃棄物の輸出には輸入国の書面による同意を要するとするバーゼル条約が合意された。

地球温暖化問題に関しては、地球サミット直前に気候変動枠組条約に合意し、九七年には京都で開催された第三回締約国会議（ＣＯＰ３）で、先進国について、法的拘束力のある具体的な削減目標を定める京都議定書が採択された。さまざまな問題を内包しているとは言え、世界のほとんどの国が参加して、地球温暖化防止についての原則を確認し、削減義務を定める京都議定書が合意されたことは画期的なことである。

まだまだ不十分とは言え、地球規模に広がる公害・環境問題への国際的な協力関係は確実に前進していると言ってよい。

市民・NGOの国際協力

地球サミットには、政府代表は一八三の国、地域、機関が参加し、各国の首脳も一〇〇人以上が参加した。市民・NGOも、一八七ヵ国から七九四六団体が参加したと言われる。日本からも約一〇〇団体、三五〇人の市民が参加した。市民・NGOの会場となったグローバル・フォーラムは、連日三〜四万人の参加者であふれ、会場のあちこちで熱気に満ちた討論、交流が繰り広げられた。環境問題の解決は政府に任せてはおけないと、世界の市民・NGOが連日の討議を行ない、三四のNGO代替条約を作成した。政府間では利害の対立で一致しない問題も、市民・NGO間では一致できることを示した。

地球サミットは、世界の市民・NGOの国際協力にとって大きな意義を持った会議だった。世界中の市民・NGOが直接顔を合わせて交流・意見交換をしたことは、その後の市民・NGOの国際協力の基礎をつくったと言ってよい。

地球サミット後、個別条約の国際交渉における、市民・NGOの国際協力は大きく発展した。その代表的な例が、地球温暖化防止の国際交渉で活動している気候行動ネットワーク（CAN）である。CANは、地球温暖化問題に取り組む世界の約四〇〇の環境NGOが参加しており、国際会議の場な

ど で、政策決定者である政府代表団に、市民の立場からの働きかけ（ロビー活動）をすることを主たる目的としている。最も重視している活動の一つは「エコ（ｅｃｏ）」というニュースレターの発行である。「エコ」は、会議に参加する政府代表団やマスコミ関係者をターゲットに発行され、その記事の内容は、会議の内容や各国の主張に対する市民・ＮＧＯの側からの分析であったり、痛烈な批判であったりする。各国の政府代表団も先を争って「エコ」を入手しようとする。「エコ」の人気が高い理由は、その分析力にある。たとえば、日本政府がある提案をすると、その提案が日本にとっていかに有利で、発展途上国などにとっては不利な提案であることを分析し、翌日の「エコ」にはその分析内容が掲載される。先進国や途上国のＮＧＯが協働し、連携して活動することが、より多くの情報の収集と、精度の高い分析を可能にしている。

ＣＯＰ３直後の『朝日新聞』（石井徹・磯田晴久「京都からの出発　温暖化会議を終えて　下」、一九九七年一二月一七日付）に、次のような内容の記事が掲載された。

各国の利害が衝突した京都会議で、法的拘束力のある議定書が採択され、予想を超える削減目標が決まったことは、国益ではなく「地球益」で行動するＮＧＯの影響力抜きでは語れない。

地球規模の公害・環境問題では、国益や各国間の利害の対立から自由で、真に地球規模で考え、行動することのできる市民・ＮＧＯの役割はとりわけ大きなものがある。こうした市民・ＮＧＯの国際協力の発展こそが地球規模の公害・環境問題の解決の鍵である。

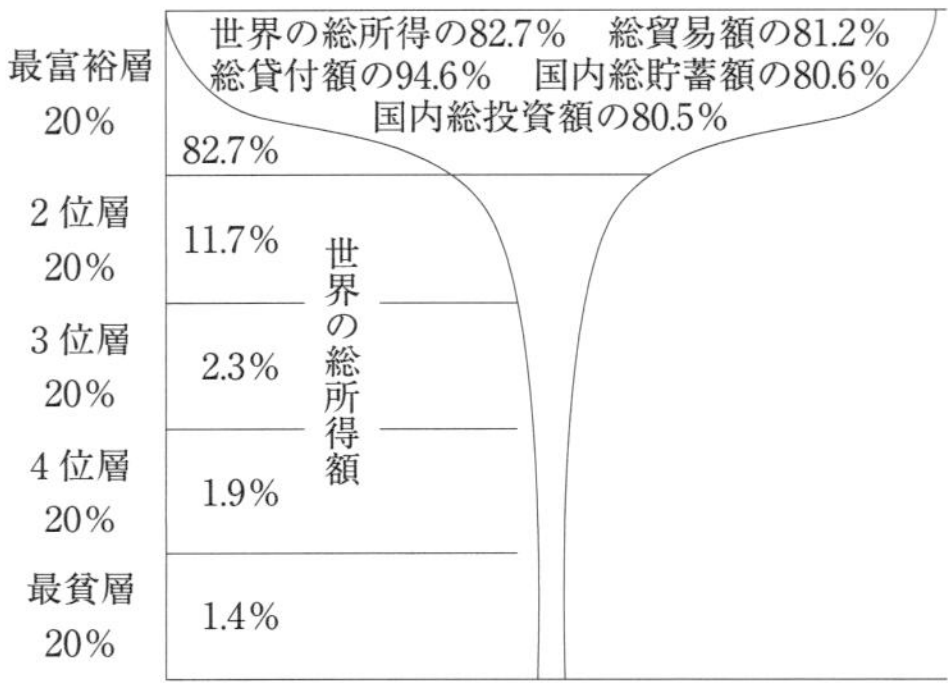

地球規模での所得と経済の不均衡

三つの公平

同世代間の公平（南北問題）
将来世代との公平（世代間の公平）
人間とその他の生物との公平（生物の多様性）

この三つの公平は、地球サミットで市民・環境NGOが、地球規模に広がる公害・環境問題の解決を考える際の視点として提起したものである。

地球規模に広がる公害・環境問題も、その影響、被害は決して公平ではない。温暖化による海面上昇に対しても、日本などの豊かな国は防潮堤を嵩上げしてその被害を最小限に食い止める資金があるが、バングラディシュなどにはそうした資金はなく、一メートルの海面上昇で国土の一八パーセントが失われると予想されている。図は、国連開発計画（UNDP）がつくった世界の所得と経済の不均衡を示すものであるが、日本を含む先進国と言われる世界人口の二割を占める国が世界の富の八割以上を独占し、最下層の最も貧しい二割の人々は、一パーセント足らずの所得で生計を維持している現実を知らねばならない。こうした最貧国では、すでに貧困と環境破壊の悪循環が起こっており、干ばつや洪水で多くの人たちが死亡している。こうした災害で死亡するのは貧困な人々である。貧困問題の解決なしに環境問題の解決はない。

どの世代も良好な環境を保全して次の世代へ手渡す責務がある。私たちは、石炭や石油などの化石燃料をふんだんに消費して快適な生活を営んでいるが、三〇年、四〇年後には地球温暖化が進行して化石燃料が使えなくなり、より限られた条件の中で生活を維持せざるをえなくなる可能性が高い。

さらに、我々人間は、数千万種とも言われる動物や植物、細菌などの生物の多様性に支えられて生を営んでいることも忘れてはならない。

世界の市民・ＮＧＯが、こうした視点を共有し、地球規模で考え、連携し、地域で行動することが、真の国際協力を発展させる道であり、それなくして公害・環境問題の解決はないと言ってよい。

（4）　公害の社会的コスト

社会的コスト研究の重要性

公害問題を考える場合、重要な問題であるにもかかわらず、これまであまり注目を引いていない問題がある。それは公害の社会的コストの問題である。

公害は、公共経済学の中で「外部不経済」の問題として扱われるが、それはその被害を企業の外に転嫁し、自らはその負担を担わず、それを外部社会に転嫁することを指している。

この問題は、公害の本質をつき、３Ｐ原則（原因者負担など）にも背くものであるにもかかわらず、従来それへの関心は低く、十分には研究されていなかった。このことが、公害への大きな非難にもかかわらず、必ずしもその本質への理解の迫力を欠いた理由の一つともなっていた。

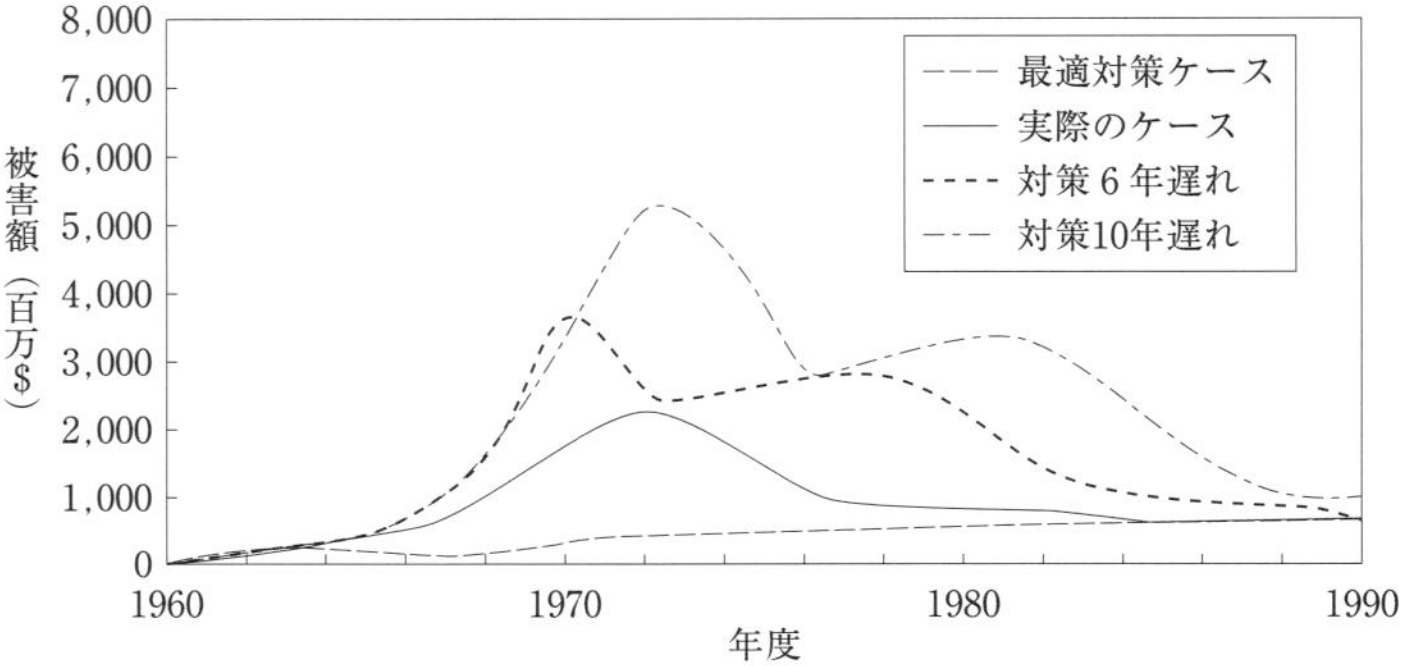

経済的に見た日本の大気汚染対策の評価／対策のタイミングを変えた場合の被害額の推定

（環境庁環境保健部企画課『日本の大気汚染経験』公害健康被害補償予防協会，1997年，95頁より）

もちろん、公害の解決への努力、その経済的負担は、外部不経済の範囲にとどめてよいというのではなく、その完全解決のコストはその原因者がすべて負担すべきものであることは明らかであるが、その外部不経済、社会的コストの問題が十分に論議されなかったことは、公害の社会的論議の一つの欠陥でもあったと言える。

大気汚染の社会的コストの研究

上述のように、公害の社会的コストは非常に重要な点であるにもかかわらず、あまり注目されることのなかった問題であったが、最近この問題に注目する研究者が現れるようになってきた。ここでは、大気汚染の分野についての研究を紹介してみたい。

①　四日市についての環境庁報告

一九九一年、環境庁計画調査室は、アジア太平洋環境会議への報告として、四日市でなんらの環境対策が実施されず、大気汚染被害地域が拡大し、全市が磯津並に汚染された場合は、被害者の医療費と生活補償費は四九六・五億円／年（一九八八年価格）に達し、これは対策費として企業・自治体が投じた九〇・三億円／年（一九八八年価格）の約五倍になると報告している。

②　ＩＣＥＴＴ・四日市大学経済学部／環境情報学部による調査（一九九四〜九七年）

ＩＣＥＴＴとは、四日市市にある四日市公害の対策の経験を発展途上国に伝える国際技術援助機構である国際環境技術移転研究センター（International Center for Environmental Technology Transfer）のことで、このＩＣＥＴＴと四日市大学、アドバイザー・グループの三者によって、公害対策開始の時期、その規制の強さによってその被害（重症者については医療費と生活補償費、軽傷者についてはその医療費）がどのようになるかについてのシミュレーション研究を行なった。

その結果で重要な点は、公害対策の強さがその被害額を少なくするのは当然として、その公害対策、特にその本質的な対策、硫黄酸化物に対する総量規制（三重県環境汚染解析プロジェクト・チームが企画実施した三重県条例による排出総量規制）の開始時期が、その社会的被害の大きさを決めるポイントになっていることを指摘している。

③　公害健康被害補償予防協会佐和委員会報告

公害健康被害補償予防協会は、この課題について、日本全体についての検討を行ない、その結果について報告している。その状況を前頁図に示したが、本図に示されるように、対策開始が遅れれば遅れるほどその被害額の累計は大きくなり、たとえば一〇年遅れのケースではその額は四兆円に達することが示されている。

このような問題は、従来その対策が遅れ、きわめて深刻な大気汚染の状況になっている中国でも注目されるようになり、人体健康影響への被害額の検討が始まるようになってきている。

中国河南省洛陽市環境保護設計研究所の周悦先、同じく河南省三門峡市予防保健中心の李紅は、洛陽市での大気汚染とその健康被害についての研究論文「洛陽市大気汚染による人体健康危害の経済損失の評価」で、大気汚染による健康障害の経済的損害（一九九四年）は、同市での全市民消費額の一三・五パーセントにあたる一・五〇四億元に達し、その四八・三パーセントは呼吸器疾患による過剰死亡に由来していたと報告している（周悦先・李紅「洛陽市大気汚染による人体健康危害の経済損失の評価」、『環境与健康雑誌』一六-二、六五（一九九九年））。

このような大気汚染による社会的コストの検討はきわめて重要な研究テーマであると言えるし、今後の大きな課題であると言える。

この研究は、経済的損失についてはは広範な観点で行なっており、日本での研究が公害健康被害補償法に影響されて、医療的な損害に偏っていることに対して、医療費用損失、呼吸疾患による経済的価値造成の損失、汚染による早期の死亡による損失の三つについて計測している。

その結果およびこの三項目の損失の割合は表に示したが、予想されるように、日本では評価されていない価値造成損失、早死損失に高い比重が示され、日本でも今後このような算出法を含めて、真剣に検討する必要性が高いことを示している。

2 人間・意識

(1) 公益性・公共性の思想

「公害」という言葉

「公害」という言葉の意味は、早い使用例として、たとえば一八八一年一二月二四日付の大阪府布達甲第二七六号で、「府下西成郡木津川ニ於テ従来囲船ヲナスガ為メ、水流ヲ妨ケ、土砂滞淤シ、冬季ノ際ハ通船ヲモ妨ケ公害不尠候ニ付、今般木津川ト三軒屋村ノ間ニ船囲場ヲ新設シ」云々と書かれるように、本来は地域や業界仲間等の共通利益を侵している状態を広く指すものであった。また、「公害」という言葉は「公益ニ害アリ」という言葉を縮めて表現したものでもあり、一九世紀終わりごろの日本人にはよく知られていた言葉でもあった。もちろん、鉱山が開掘され鉱毒や煙害で周辺の農地や山林等が荒廃することが「公益を害すること」として「公害」であると指摘されることもしばしば生じるところであった。代議士であった田中正造が一八九一年足尾銅山の鉱毒問題を取りあげ政府を追及したときにも、その質問書に「大日本帝国憲法第二十七条ニハ日本臣民ハ其所有権ヲ侵サル、コトナシトアリ、日本抗法第十款第三項ニハ試掘若ハ採製ノ事業公益ニ害アルトキハ農商務大臣ハ既ニ与ヘタル許可ヲ取消スコトヲ得トアリ」云々と述べられていた。

「公害アリ」あるいは「公益ニ害アリ」という主張は、鉱業者などが地域を荒廃させる状況に対し、地域の代表者等がその状況を国家に対して訴えるときの決め台詞であったと言ってよい。明治期には、この言葉は地域有力者によって日本各地で数多く使われた。もちろん、その背景には農業や漁業あるいは山林業などを基盤として展開する地域社会の力が大きく横たわっていたことは疑いない。また、明治国家は、基本的にはそのような地方の生産力と統治の安定性をその権力基盤としていたから、地方住民のこのような「公害」あるいは「公益性」の主張に対して強く配慮し、実際に彼らの言い分を行政に反映させ、開掘を不許可にしたことも多かったのである。

「公益」の主張と「公害」の否定

ところが、二〇世紀に入るころから様子が変わり始めてくる。鉱山の試掘・開掘に許可を与える権限を持つ鉱山監督署の技師が「公害」を訴える地元民に向かって、「公害が予防工事により防御しうる範囲内は、鉱業奨励上なるべく許可する方針であること」と語り、あわせて「村民は鉱業開発より胚胎する直接・間接の利益を研究し、感情問題を排除し、すべからく眼孔を大にせんことを望む」と説得する。彼らは「公害なるものは、おもに地方民の感情によること多くして、真の公害なるものはほとんど云々するの価値なきものと認む」とまで述べ、住民の言う「公害」を認めるとすれば「おそらく鉱業なるものはほとんどすべての場所においてなしあたわざる状況に陥る」との危惧も吐露している。つまり、鉱業開発優先の立場に立った国家機関が地域の「公益性」「公害性」に関する判断を地元に代わって下そうとしているのである。しかも、このような中で、鉱業者の側も「そもそも土中に埋没せる所の鉱物を発見、採掘するは公益事業なり」と言い始める（以上は宮井普通水利組合編『宮井関係鉱山行政訴訟顚末第一回報告書』、小田康徳『近代日本の公害問題』世界思想社、一九八三年、所収、による）。まさしく地元が主張する「公益」に対する反撃が、業者あるいは国から始められたのであって、業者と国は地域住民の言う「公益性」を自分たちの言葉による「公益性」によって値踏みし、あるいは否定し始めたのである。

国の主張は、相反する二つの「公益」あるいは「公益性」が互いに相手を相対化するものとして出現したときには、両者の実際的な価値を比較し、大きい方を取るべきであるという点に置かれるようになる。すなわち、開掘することによって得られる利益と、開掘しなかった場合に得られる利益を比較し、大きい方を優先させるべきだと言うのである。もちろん、公害の防除技術を実施させ、また損害は補償させるという条件を付加することも忘れてはいないが。

国は、こうして業者と地元民の間で一見中立的な立場を取るポーズを新たに見出したわけである。しかし、このことは実際には力の強い方の味方をするという結果に落ち着かざるをえない。つまり、国が言う「公」とは、実際には私的なものへの奉仕に転落するのである。足尾銅山鉱毒問題に対する政府の立場が、当時民間企業としては特別に強力であった鉱業主古河市兵衛に寄り添っており、決して法律の条文を実施せず、銅山の経営を守っていたことは、その特別に早い事例であったが、明治三〇年代後半以降にはいよいよ富国強兵を願う国の立場として鉱業家寄りの姿勢を強めていく。

国家と「公害」

一方、鉱業以外の産業分野も二〇世紀になると急速にその存在感を増大させる。と同時に、鉱業の分野でそうであったように、彼らも、自らの存在を「国家的事業」=「公益」的なものとして、その操業から生じる地域の生産・生活環境の荒廃を「公害」とし規制しようとする行政の姿勢に対して異議をとなえ始めていく。一九一八年には日本電気協会・中央電気協会・九州電気協会の各会長名で内閣総理大臣・内務大臣・逓信大臣にあてて、「電気事業ノ水力使用法規ニ関スル建議」が提出され、一方では「水力電気事業ハ国家ノ消長ニ関スル重大事業」であると強調しつつ、他方で「水利組合ノ専志又ハ各地方長官ノ意見ニ一任サレ」ている水力使用の拒否に関する行政実態を指摘して、「画一ノ法規」制定を求める。翌年には衆議院の委員会で水力電気事業の「公益性」を強調し、公共のために私権を制限する土地収用法の適用を求め、治水の観点からそれに抵抗する内務省と激しく議論をやりあっていく。

産業の持つ「公益性」の主張は、国の容認姿勢の下、その操業から生じる地域の生産・生活環境の荒廃を無視し、あるいは合理化する思想的武器として徐々に大きな力を発揮し始めていた。それは、都市部においては（とりわけ膨張するその周辺部においては）新規に地方から流入してくる新市民等の権利意識が未確立な状況とあいまち、ばい煙や水質汚染あるいは振動・騒音など、彼らを取り巻く劣悪な生活環境の全般的形成を助長した。さらに、戦時期には、この「公益性」の主張が軍需的重化学工業の巨大な資本の私的利益追求でありながらも戦争目的への従属という形をとることも多く、百万坪を超えるような広大な工場用地の取得において強い強制力を発揮することも多かった。それは、まさに戦時下の国家独占資本主義の住民抑圧の姿を示すものであったと言えよう。

公共事業と公害問題

戦後一九五〇年代後半から六〇年代、すなわち高度経済成長期には、まさに生産力優先の思想が日本社会を風靡し、企業が繁栄する中で多くの国民が公害の犠牲を一方的に耐えさせられるという状況を生み出した。一方、このような社会的風潮とともに、国家自らがコンビナートの用地造成、ダムの建設、道路・鉄道・港湾あるいは飛行場整備など生産基盤の形成者として重要な役割を期待され、また実際にその主体として大きな存在となっていったことも重要である。すなわち、このような流れの中で、「公益性」の言葉は文字どおり「公共性」という言葉に取って代わられながら、いっそう破壊的な作用を果たしていく。すなわち、戦前においては、国家は産業の展開に対し、それを推進する事業者と住民の間にまだ中立的に立つ構えを多く残していたものであったのが、戦後は国や地方自治体自らが「開発者」の役割を演じ、環境破壊の側に主体的に立って、その「開発」を合理化することも増えたのである。

当初、国のこの姿勢はまだその意味がなかなか理解されなかったところもあった。しかし、やがてその被害の状況が顕著となり、また国民の権利意識も向上する中で、あちこちで正面からそのあり方が問われることとなっていく。一九七〇年代初めに提起された大阪空港騒音訴訟は、まさにそれを裁判という場において問うたものであり、ダム建設や新幹線あるいは高速道路建設という公共事業自体が、各地で大きな批判と抵抗に遭遇することとなったのである。それは、当初「公共性」というだけで環境の荒廃を容認することの是非がまず問われたのであるが、現在では「公共性」と言われるものの内実、すなわち真に公共的な意義があるものか否か、また、目的にふさわしいものかどうかが、環境保護の観点、住民福祉の観点に照らして問われることとなってきた。また「公害防止」という観点から、再度地域の「公益性」とはいかなるものか問われ始めていると言ってもよいだろう。

いずれにせよ、国は個々の事業者の公害を規制するだけでなく、自らの行為もまた規制し、その行為のあり方を明らかにする義務を有していることが今や明確である。そして、ここにおいては国民の健康で文化的に生きる権利の尊重が重要となるだけでなく、その観点のうえに立った国家と国民の関係を探ること、すなわち国家の行為に対する国民的なチェック体制の実体的な確立こそが求められていると言うべきであろう。「公益性」「公共性」とは何よりも国民の側に立ってその内実が具体的に評価され、深められなければならない。国家やその他の権力を持つ側が一方的に「公益性」「公共性」の判断権を持ったとき、いかに破壊的な役割を果たすものかを、この言葉をめぐる歴史が明らかにしていると言うべきである。

（2）公害問題と差別

被害者への差別

公害問題では一般的に加害者は企業で被害者は住民である。もともと企業と住民の間では企業の方が社会的にも経済的にも優位な立場にあるが、公害が起こってからもこの関係は変わらない。

被害者はまず原因が解明され、加害者が特定されるまで、その責任を追及することができない。加害企業が自ら責任を認めることはごく稀であり、行政や専門家が原因究明を妨げることとさえ多い。その間に被害はさらに進行し、拡大する。この期間が被害者にとって最も苦しい時期で、公害病による健康被害だけでなく、社会的なさまざまな差別にも晒される。

公害病は当初、原因が分からないために「奇病」と呼ばれることが多く、最初に恐れられるのは伝染性ではないかという疑いであるが、これが患者家族への差別を引き起こす。たとえば水俣病では、患者や家族は共同井戸から水も汲ませてもらえず、近所の人たちから口も利いてもらえず、文字どおり村八分にあい、昼間も雨戸を閉めきったままの生活が続いたと言う。

一方、国や自治体も最初は伝染病対策としていったん患者を隔離し、発生地域の消毒を行なうことが常であるが、原因究明に時間がかかると、その間に前記のような「奇病」患者への社会的差別が拡大し、差別意識の固定化を招くこととなる。さらに原因究明が長引くと、被害が拡大しても患者の家族が差別を恐れて被害を隠すようになる。水俣病の原因が確定してからでも、不知火海の島では水俣病の風評で魚が売れなくなるのを恐れて、島から水俣病の認定申請をしないことを申し合わせたほどであった。

被害者への差別は公害の原因が確定しても終わることはない。一般に公害であることが確定すれば、公害病の認定審査が始まり、認定された被害者には補償等の救済が行なわれることになるが、この段階でもさまざまな形で被害者への差別が繰り返される。

公害病患者の認定は本人からの申請を前提としており、公的機関による住民検診などで潜在患者を発掘救済するわけではない。したがって、認定を申請することは自分が公害病であることを周りに知らせることになる。「奇病」時代とちがって、病気の原因が公害であることが確定しているとはいえ、一般の人々の公害病への恐れは変わっていない。認定を申請した人やその家族が公害病への恐れから結婚や就職で差別を受けた事例は枚挙に暇がないほどである。

公害病と認定されれば責任企業から補償金や医療費などが支給されることになるが、今度は認定患者に対する「ねたみ」の感情から公害病患者への新たな差別が始まる。補償金で家を新築すれば「奇病御殿」とささやかれたり、あの人は本当に公害病なのかと疑われたり、補償金目当てにたかる人たちへの対応に苦しむことになる。水俣では「私もいっそ水俣病になればよかった」という人たちがいたほどである。

認定患者や申請者が増えると、今度はその地域の人たちが公害病のために迷惑を受けているという苦情が大きくなる。家族に公害病患者がいなくても、その地域に住んでいるというだけで、結婚を断られたとか、子供たちがいじめられるという事例である。本来、公害病を引き起こしたのは公害の責任企業であるから、その苦情は責任企業に向けられるべきものである。しかし、その不満の矛先が的外れな方向に向けられたため、むしろ公害病患者が肩身の狭い思いをすることもある。

水俣市では水俣病という病名のために市民が迷惑を受けているとして、市長以下一万八〇〇〇名以上の署名を集め、環境庁や関係学会にまで陳情を行なったことがある。一九七三年の陳情書には「あたかも水俣地方特有の疫病のように広く誤解されており、全国的に水俣の風土と地域住民に対する偏見がひどく、水俣市及び水俣市民は、日常生活上は勿論のこと、社会的、経済的にいろいろな差別を受けて、深刻な痛手を被っています」と書かれている。しかし、患者が市民から受けている差別には目を向けず、補償金で苦しむチッソを守るための運動が全市的に繰り広げられたことを考えると、病名変更運動も患者に対する差別を増長するものであった。

さらに認定申請者が増加すると、これらの「ねたみ」や「逆恨み」感情が今度は申請者にも向けられることになる。その典型が認定申請者への「ニセ患者」呼ばわりである。水俣病では市民だけでなく、熊本県公害対策特別委員会の議員が環境庁で「ニセの患者が補償金目当てに次々に申請している」と発言（一九七五年）したり、水俣病に関する報道のたびに「ニセ水俣病患者が……」と書く週刊誌があるほどで、申請患者にとっては申請すること自体が勇気のいることであるが、未認定の間はさらに厳しい差別に耐えねばならない。

公害被害者に対する差別は明らかに誤解と偏見から生じており、正確な事実を知らせるとともに、すでに生じた誤解と偏見を解くことに尽きるが、これには行政や専門家などによる粘り強い取り組みが不可欠である。水俣市では一九九四年から「水俣病によって切れた人と人の絆を結び直そう」と患者・市民・行政による「もやい直し」の取り組みが始まっているが、長い間に染みついた市民の差別感情を克服するにはさらに長期の取り組みが必要であろう。

障害者への差別

公害は環境汚染によって公害病患者を生み出す。水俣病をはじめとする四大公害はその典型であるが、これら公害事件の報道では常に公害被害者の悲惨な実態がクローズアップされてきた。ときには死に至るほどの劇症患者の様子が、新聞・雑誌やテレビ、写真、映画などさまざまな媒体を通して、遠く離れた地域の人々にまで生々しく伝えられ、「公害は恐ろしい」という観念が人々に広がった。実際、反公害運動が最も盛り上がった一九七〇年前後には、水俣病患者の写真がプラカードやポスター、パンフレットなどにあふれ、「こんな悲惨な公害を二度と起こしてはならない」との訴えが声高に叫ばれた。また、公害被害者への補償や救済を求める過程では、支援者や患者自身からも「健康を返せ」「元の身体に戻せ」というスローガンが掲げられていた。

反公害の運動をする人たちにとっては、運動を広げるために公害がいかに恐ろしいかを強調するのは当然のこととされ、またそれがきわめて有効であることから、何の疑問も持たれなかったが、一九七〇年代中ごろになって、障害者グループの一部（日本脳性マヒ者協会全国青い芝の会）から「そのような運動の広げ方や主張こそ障害者差別ではないか」という異議が出されるようになった。

公害被害者は公害病という病人であるだけでなく、障害者でもある。治る場合もあるが、多くは「元に戻す」ことなど不可能で、その意味では後天性の障害者と言うべきである。胎児性水俣病患者に至っては先天性の障害者と同じである。それを承知で「健康を返せ」「元の身体に戻せ」と叫び続けることは明らかに矛盾であるばかりか、障害を持つことがいけないこと、あってはならないことと言っているに等しいという指摘であった。

たしかに、水俣病患者の曲がった手指とうつろな眼、原爆被爆者の背中のケロイド、ベトナムの二重体双生児や先天異常児などが、メチル水銀や死の灰（放射能）、ダイオキシンなどの恐怖を伝えるのに果たした役割は大きいし、それによって対策を迫る世論を喚起したことは間違いない。しかし、それによって伝えられた恐怖とは何だったのかと問われると、毒物そのものよりも毒物によってもたらされる障害の方であったかもしれない。

しかし、公害による障害を必要以上に強調する反公害の運動スタイルはその後も後を絶たず、今もなお繰り返されている。合成洗剤追放運動の過程で問題となった催奇形性、反原発運動でよく使われた「生まれた赤ちゃんは重い障害をもちます」のフレーズ、そして最近の環境ホルモン問題での生殖障害など、常に障害の強調が運動のバネとなってきた。中でも目立つのは生まれてくる子供の障害の強調であり、それは胎児の障害、生殖障害へと向かっている。その結果、障害の未然防止という名目での中絶パニックを引き起こしたり、さまざまな出生前診断技術の利用による障害胎児の選別的中絶へと人々を駆り立てている。

たとえば、新潟水俣病では毛髪水銀値の高い女性に妊娠規制や中絶の指導が行なわれ、結果として公式の胎児性患者は一人にとどまり、被害防止の成果と評価されたことさえある。また、チェルノブイリ原発事故の直後、ヨーロッパでは多くの女性が中絶に走ったと伝えられているが、日本でも母乳に放射能が検出されたり、ダイオキシンが検出されたりするたびに、生まれてくる子供は大丈夫かという不安が人々の間を駆けめぐっている。

我々の人間社会では古くから、民族差別や男女差別、そして障害者差別など、本人の責任ではない理由でさまざまな理不尽な差別が繰り返されてきた。すべての差別からの解放は人類の悲願であるが、それぞれの差別解放を進める被差別者同士の間で差別が行なわれるという悲劇だけはなんとしても避けねばならない。

公害に反対する最大の理由は、ゆえなく他者から生命と健康を害《そこな》われることにあるのであって、障害はその結果の一形態にすぎないことを忘れてはならない。一般に公害問題として大きく取りあげられるのは、障害のない人が公害によって障害を受ける場合であるが、生命と健康は現在障害がない人もある人も等しく守られねばならず、すでに障害があるからと言って公害が許されるはずはない。そもそも公害は障害をもたらすから反対するのではなく、生命と健康を侵害するからこそ、公害に反対するのである。水俣病はあの写真や映画で出てくるような症状（障害）だけではない。目に見えにくいものも含めて、他にもいくつも多様な症状があるし、また人によってその発症の経過も仕方も異なり、その程度もさまざまである。水俣病の未認定患者が三万人以上もいるという事実が、そのことを最も雄弁に語っている。

伝えるべきは、これら公害の全体であって、障害の一部だけを切り取った断片ではない。

（3）　公害と住民運動

戦前の西淀川地域

大阪市西淀川区は大阪府の北西部に位置し、その北を流れる神崎川、左門殿川、中島川の対岸が兵庫県尼崎市となっている。西は大阪湾に面し、南は淀川を隔てて、対岸が此花区、福島区であり、東は東海道本線を境として淀川区と接している。

明治・大正期の西淀川地域の状況の一端を知るには、一九〇九年から一九三四年まで、現在の西淀川区中島の地にハンセン病患者を収容する外島保養院が存在したという事実が重要である。ハンセン病が不治の病とされ、発病はすなわち人間社会からの抹殺に等しかった時代、ハンセン病患者を社会から隔離するための施設の適地としてこの地が選ばれたのである。当時の西淀川地域は、大阪湾岸の半農半漁のひなびた村落だったのである。

一九六三年三月に発行された西淀川区の川北小学校の『九〇年の歩み』には、大正期から昭和初期の卒業生の思い出が綴られている。そこには、現在の中島、西島、出来島の一帯からは想像できないほどの、牧歌的な風景が回想されている。神崎川では漁民が鯉つかみをし、オリンピック選手高石勝男が泳いでいた。川底の砂利がきれいに見え、岸には葦が茂っていた。西淀川区の大部分は広い田園でおおわれ、淀川の堤防沿いに牧場があった。

川を隔てて、北は尼崎市、南は此花区という阪神間屈指の重化学工業地にはさまれた西淀川地域は、第一次世界大戦から第二次世界大戦にかけての日本資本主義の大発展の中で、自らも工業の街へと変貌していった。

工業化の波が半農半漁の西淀川地域に押し寄せてきたとき、住民の公害反対運動が発生した。農漁民一〇〇〇人が大阪製煉（古河鉱業）を相手に、損害賠償請求を起こしたのも、その一例であった。三年がかりの裁判の末、一九二九年一二月に警察署長の斡旋で和解が成立し、会社側は毎年歳末に各戸におわびの品を配った。戦前、被害住民の怒りの前に企業が賠償し、わびたという事実があった。

淀川河口北岸に位置していたため、南岸地域（此花・福島地域）や尼崎市に比べると、工業発展が遅れ、農漁村的性格を残していた西淀川地域は、それゆえにこそ、満州事変後の軍需景気のもとで急激に工業化した。『大阪朝日新聞』一九三六年一一月一六日の朝刊には「工業都市出現　延びる延びる阪神国道筋へ　産業日本の脈打つ心臓」との見出しで、西淀川大和田、御幣島、佃一帯の急激な工業化を具体的に報道している。同紙によると「一年平均二百」も工場が増加しているという。このような急激な開発で西淀川地域の公害は激しくなったが、それへの抵抗の動きは、強まる軍靴のひびきの下で打ち消されていった。

西淀川ぜん息

太平洋戦争末期の空襲と敗戦は工業生産活動の休止状態をもたらしたが、一九五〇年六月に始まった朝鮮戦争は日本の特需景気を巻き起こした。その活況はジェーン台風（一九五〇年九月三日）による大打撃をものともしないほどの勢いであった。西淀川区に接する尼崎市は、鉄鋼と化学と電力の街としてよみがえった。それだけに公害の復活も早かった。一九五一年六月、尼崎市議会は「煤煙防止に関する意見書」を可決した。阪本勝市長は「市民のために煤煙禍と闘う」と決意を表明した。尼崎のばい煙は、府県境を越えて西淀川区に流れてきた。

西淀川区の重化学工業が大阪経済に占める位置の大きさも、確固たるものとなった。工場数や従業員数を見ると、同区は此花区のような巨大企業中心ではないが、東淀川区や城東区のような零細・中小企業中心でもなく、むしろ大正区に類似の大企業と中小企業混在型であった。そして西淀川区は一九七七年以降には、市内二六区のうち、製造工業の生産額（製造品出荷額等）がトップを占めるようになる（『大阪市統計書』）。尼崎市・西淀川区・此花区という一帯の重化学工業地域が大阪湾岸中央部に完成され、西淀川区は大気汚染激甚地と化した。

大阪市総合計画局公害対策部が一九六四年四月にまとめた『大阪市における都市公害の概況』には、「大阪の汚染地区である西淀川区」「京阪神地区全般については、大阪市西部工業地区及び尼崎市工業地区が一連の地域として最も汚染」などの記述が見られる。翌六五年七月の大阪市公害対策審議会での調査報告では、「西淀川区のような大気汚染のひどい所の学童は、年間を通じて肺機能の低下がみられ、その影響は慢性化の傾向がある」と指摘された。この時期から一九七〇年代前半にかけて、公害問題の中でも西淀川公害とその被害者たちに関する記事が新聞紙上で膨大に報道されるようになった。それは、際限がないというべき量である。西淀川区の公害病である「西淀川ゼンソク」が全国的に知られる時代となったのである。

「公害に係る健康被害の救済に関する特別措置法」が国会で成立したのは、一九六九年一二月二日であった。この特別措置法は、指定地域制と指定疾病制をとっていた。一二月二七日、川崎市の大師・田島地区、四日市市の一部（塩浜地区など）、大阪市西淀川区のあわせて三地域の気管支系疾患、水俣市と新潟市の関連地域の水俣病、富山市関連地域のイタイイタイ病が指定された。翌七〇年一二月、尼崎市の一部の地域の気管支系疾患が指定された。以後も指定地域の拡大が行なわれた。西淀川ぜん息が四日市ぜん息、水俣病、イタイイタイ病と並んで、真っ先に特別措置法の適用対象となったという事実の重みを確認しておきたい。

住民運動の高揚

戦後の西淀川区で公害の主な発生源となったのは、大阪製鋼（合同製鐵）、古河鉱業、中山鋼業などである。地元の大野町や福町の人たちの話では、一九六〇年前後から、大阪製鋼の赤い煙、古河鉱業の茶色がかったドロドロした煙、日本化学の黄色の煙、関西電力尼崎火力発電所の黒い煙をもろにかぶるようになったと言う。

一九六九年七月には、出来島団地の近隣にあった永大石油鉱業会社に対する公害反対運動が起こった。一〇年以上もがまんし続けてきたのに、市も会社も何もしてくれないことに対する怒りであった。出来島の女性たちを中心に、永大石油への抗議行動が続いた。九月末には、日赤奉仕団という官製の組織を中心とする西淀川公害対策協議会が結成され、六〇〇〇人の署名を集めて、府・市などへ工場の移転を働きかけた。一一月七日には、住民を下部から組織した永大石油の公害をなくす会もつくられた。この運動は西淀川公害反対運動の一つの大きな転機となった。それまでの周辺住民だけの単発的な抗議行動から、広域的で広範な住民層を結集した運動へと、質的に発展したのである。

一九七〇年六月、大阪市は一九七二年度末までの西淀川区公害対策事業計画を立てた。公害工場の計画移転、汚染河川の埋め立て、緑地造成、公害発生源を立ち入り検査する特別機動隊班の設置など総事業費は約一二〇億円と見積もった。しかし、区の西部に造成の外島埋立地への企業誘致はそのままであり、汚染された大野川の延長六・二キロメートルを埋め立てたあとに、自動車道路建設を構想するなど欠陥プランであった。この大野川問題に関しては、中島水道・大野川緑地化推進委員会という住民運動体が結成された。市当局の自動車道路化計画に対して、いち早く緑地公園化案を迫り、ついに要求を実現させた。

一九七〇年七月、市当局は、外島埋立地を工業地区に指定することにし、その後、大阪府知事が正式に工業地区として指定した。このような状況のもとで、一一月には、西淀川区の社会・共産・民社・公明各党と総評西淀川地協、同盟田淵電機労組、住民組織の中島水道・大野川緑地化推進委員会、永大石油の公害をなくす会を発展的に解消し結成された西淀川から公害をなくす会などが共同闘争の態勢を組み、西淀川公害追放推進委員会を結成した。当時すでに公害病認定患者が一二〇〇人を超えていた西淀川区で、外島地区に公害企業を含む二九社が進出してくるのと闘うために、継続的な共闘態勢の必要性が超党派的に認識されたのであった。

患者会三〇年の闘い

西淀川公害患者と家族の会が結成されたのは、一九七二年一〇月二九日である。公害病認定患者たちは、国と阪神高速道路公団および関西電力など一〇社を相手に、環境基準を超える大気汚染物質の排出差止と総額約一二三億円の損害賠償を求めて提訴した。

一九七八年四月の第一次提訴に始まり、九二年四月の第四次まで提訴された。先述したように、西淀川区が公害激甚地となったのは、昭和初期まで半農半漁だった同地が一五年戦争と戦後復興で大阪有数の工業地に急変したことによる。しかも、同区の北に位置する尼崎の工場群の排煙で汚染が倍加された。訴訟で被告とされた一〇社のうち六社は尼崎に位置している。

一九九一年三月二九日の大阪地裁判決（第一次提訴分）は、被告企業一〇社に三億五七〇〇万円の

賠償金支払いを命じた。工業地における巨大工場群の関連共同性の加害責任を明確にした。さらに四年後の一九九五年三月二日、被告である関西電力他九社（一社は更正会社）との間で、原告側圧倒的勝利の和解が成立した。

一九九五年七月五日、西淀川公害第二〜四次訴訟に対する大阪地裁判決では、道路公害について、国と阪神高速道路公団の責任を認め、被害住民に賠償金の支払いを命じた。二日後の七月七日、最高裁は国道四三号の道路公害訴訟について、国と阪神高速道路公団の上告を退け、原告勝利の判決を下した。一九九八年七月二九日、国と阪神高速道路公団との間で最終的に和解した。

被告企業九社との和解要旨には、被告企業九社からの解決金三九億九〇〇〇万円のうち一五億円を原告らの環境保健、生活環境の改善、西淀川地域の再生などの実現に使用すると明記している。これを受けて、一九九六年九月、財団法人公害地域再生センター（あおぞら財団）の設立が環境庁から許可され、多角的な活動を展開している。

（4）公害問題と労働者

一般に公害事件が起こったとき、公害被害者とその原因企業および国・自治体の対応に焦点が絞られ、その企業で働く労働者の問題に目が向けられることは少ない。

公害と労災職業病

公害が起こったとき、公害企業の中の労働者は大丈夫かと考える人は少ない。労働者が業務に起因する事故や疾病（職業病）で受けた健康破壊は労働災害と呼ばれ、職場における労働者の安全と健康を確保することは法律で事業者の責務として定められており、労働省（現厚生労働省）がその監督にあたることになっている。

まず、代表的な公害である水俣病を引き起こしたチッソ水俣工場について見てみよう。水俣工場は化学工場であるから、原料から製品に至るまでのほとんどは有害物質であり、さらに化学反応に使われる触媒はメチル水銀のように特に毒性が強い。また、水素やアセチレンをはじめ、工場で製造または使用している引火爆発性のガスや液体も多く、一歩間違えば工場火災や爆発の危険と隣り合わせであった。

この結果、水俣工場における労働災害の件数は水俣病の公式発見（一九五六年）以前から群を抜いて多く、五二年には六人に一人の割合で労働災害が記録されている。さらに、長期療養を必要とする重度の労働災害の件数は五五年以後増加し、六一年には塩化ビニール工場のガス爆発で七名の死者を出したほどである。

このように、水俣工場はもともと危険職場であったが、水俣病が公害問題として大きな社会問題になってからも、労働者と水俣病を結びつけて考える動きはなかった。

労働者の水俣病検診が実施されたのは一九八五年で、実に公式発見から約三〇年後のことである。第一労組が依頼した原田正純医師による自主検診の結果、現職者九〇名、退職者二〇六名のうち、水保病に特有の四肢末端優位の感覚障害を持った人がそれぞれ一六名、六四名にのぼった。しかし、水俣病の公害認定を申請した労働者は少なく、また申請しても住民と同じく、認定されることはほとんどなかった。

このように、水俣病は労働者にも無縁ではなかったが、住民の水俣病が大問題になっても工場の中で働く労働者の水俣病は長い間知られることはなかったのである。

チッソ水俣工場は当時三〇〇〇人以上もの労働者が働く大工場で、労働組合も組織されていたが、これと対照的な小さな町工場で労働組合もない例も見ておこう。

大阪府の衛星都市・大東市に戦後まもなくからマンガン鉱石の製錬を行なっていた植田満俺《マンガン》製錬所という町工場があった。鉱石を粉砕して粉末にするだけの簡単な工程であるが、粉末の一部は粉塵となって工場内に立ち込める。マンガンによる中毒は早くから知られており、日本でも大正時代から報告がある古い職業病であるが、防塵と吸塵の対策をきちんとすれば容易に防ぐことができるので、すでに発生自体が珍しい職業病であった。

しかし、この工場では一九五六年に最初の中毒者が発生、五八年に労災認定を受け、さらに六二年に二人目の認定者を出した。この間に生産量は急激な増加を始め、労働者の数も一〇名から二〇名に増えたが、工場敷地は狭いままであった。相次ぐ中毒認定で、労働省は六三年に大阪労働基準局管内のマンガン取り扱い労働者を対象に特別実態調査を実施した。対象となった一二事業場のうち、この工場ともう一つの工場からマンガン中毒の疑いが濃いとされた人が二名ずつ発見されたが、いずれの工場でも検診結果さえ本人に知らされず、放置された。

生産量はその後も増加の一途を続け、粉塵は工場の外の民家にも飛散し、一九六七年ごろからは住民が大阪府や大東市に公害の陳情を繰り返すようになった。七三年になって大阪府はやっと住民検診を実施したが、マンガン中毒は見られなかったと発表したため、住民らは再検診を要求した。七四年に行なわれた第二次住民検診の結果は翌年発表されたが、五名にマンガン中毒特有の症状を認めながらも、マンガンとの因果関係については否定も断定もできないという灰色の結論であった。このあと、住民の公害はうやむやのままに幕を閉じた。

一方、この間、府は公害防止条例に基づき独自のマンガン排出基準を定めて行政指導を開始していたが、基準を超える測定値が出たため、工場に改善命令を出した。しかし、工場の改善策も底をついていたため、ついに社長は廃業を宣言し、第二次住民検診の直前に工場を閉鎖した。しかし、その後になって、元労働者二名がマンガン中毒であることが判明し、労災認定されたが、いずれも六三年の労働省の調査で発見されていた人であった。この工場からはその後も二名の元労働者が認定され、認定者は計六名となった。

この例では、最初に工場で職業病が発生し、ついで付近住民の公害へと広がった。しかし、水俣病の場合とは逆に労働者は労災認定されたが住民の公害は認定されなかった。

公害と労災職業病は工場の塀の外か内かの違いにすぎないことを忘れてはならない。

住民と労働者

住民と労働者は同じ原因物質によって公害と職業病に冒される被害者同士であるから、原因の究明や被害の拡大防止、被害者の救済などで互いに協力できるはずであるが、実際には両者が協力し合うことは少ない。前項で述べた二つの事例から見てみよう。

まず、水俣病の場合であるが、一九五六年の水俣病公式発見以後、チッソは企業責任を一切認めない態度を取り続けた。一方、水俣市では経済的にも社会的にも市の中心的な存在である水俣工場を守ろうとする全市的な運動が繰り返されたが、チッソの労働組合もその運動に加わり、患者の支援には消極的であった。

しかし、チッソが一九六二年の賃金交渉で、労働組合に賃上げとセットで合理化（配置転換等で結果的に労働者の数を減らす）に協力することを要求したため、「安賃（安定賃金）闘争」という大争議が起こった。この争議は翌年、労組の分裂を経て、第一労組側の犠牲の末に終結するが、その後も第一労組に対する執拗な切り崩しと組合員の配転や職場差別が繰り返される中、第一労組の労働者たちは水俣病に対する闘いを決意した。以下は、六八年の組合大会決議の一文で、後に「恥宣言」と呼ばれたものである。

水俣病に対して私たちは何を闘ってきたのか？　私たちは何も闘いえなかった。
安賃闘争から今日まで六年有余、私たちは労働者に対する会社の攻撃には不屈の闘いをくんできた。……その私たちがなぜ水俣病と闘いえなかったのか？
闘いとは何かを身体で知った私たちが、今まで水俣病と闘いえなかったことは、正に人間として、労働者として恥かしいことであり、心から反省しなければならない。
会社の労働者に対する仕打ちは、水俣病に対する仕打ちそのものであり、水俣病に対する闘いは同時に私たちの闘いなのである。

この後、第一労組の労働者たちは裁判で患者側の証人に立ち、工場内の実態について証言するなど、積極的に水俣病患者の支援に取り組んだ。しかし、前項で述べたように、水俣病患者を支援した第一労組でさえ水俣病を職業病として捉えることはなく、第一労組の現・元労働者の検診を実施したのは実に一九九〇年になってからであった。

次に、大東市のマンガン中毒事件の場合であるが、二人の職業病患者が出たころ、社長は労働者たちに「マンガンは毒ではない。原因は個人的なものだ」と安心させていた。労働者たちもマンガンが危険なものだとは認識せず、後に配布された防塵マスクさえ「仕事がしにくい」と着用することは少なかった。

生産量があがり、やがて付近住民の公害反対運動が起こり、府や市への陳情が繰り返されるようになったが、労働者たちは自分たちの職場を脅かすとして住民の運動に反発し、住民が工場に抗議に来たときには住民を追い返そうと食ってかかったほどである。マンガンの危険性を住民が訴えても、「マンガンは薬」と強弁する社長の言を信じていた。

しかし、工場は公害規制に耐えかねて廃業した。このとき、府は住民の健康障害とマンガンの因果関係は断定できないとしたため、住民の公害反対運動は終止符を打った。ところが、工場の廃業後に元労働者たちから次々とマンガン中毒者が見つかったため、認定された元労働者たちが労働組合をつくって企業と国の責任を追及し始めた。この闘いは結局裁判（一九七六年提訴）になり、企業責任とともに六三年の実態調査の結果を放置した国の行政責任が問われた。この裁判には各地の労働者や市民から支援が寄せられたが、付近住民の動きはもはやなかった。一審判決（八二年）は労災職業病で初めて国の監督責任を認め、以後のじん肺訴訟など労災職業病に対する国の責任を求める訴訟に引き継がれたが、この事件では高裁・最高裁は一審判決を覆し、国の責任を免罪にした。

この二つの事例を見ても明らかなように、住民や患者の運動と労働者の運動はほとんどすれ違いに終わり、同じ被害者同士でありながら住民と労働者が協力し合ったことは少なく、むしろ反目し合ったことの方が多い。しかし、労働者が企業の中から危険を知らせ、市民と一緒に被害を未然に防いだ例もある。

大鵬薬品は一九八一年に消炎・鎮痛・解熱剤として新薬ダニロンを発売し始めたが、社内での動物臨床試験では発ガン性を疑わせるデータが出ていた。これらのデータを隠して申請した会社の態度を糾すため、労働者たちは労働組合を結成し、ダニロンの製造販売を中止するよう要求した。これを報道した新聞の見出しには「良心が許さなかった」とあるが、後日、彼らは「自分の最愛の人に飲ませられるかと自分に問えば、答えはすぐに出た」と述べている。

しかし、この後、会社の労働組合に対する弾圧は激しく、八〇名の組合員は七名にまで減った。それでも、残った組合員らは強制配転や昇給差別、さらには暴行まで受けながらも、不当労働行為の救済を地方労働委員会へ申し立てるとともに、市民・研究者や労働組合・薬害・医療被害・消費者運動などの人たちの支援を受けて闘い続けた。ダニロンは新聞報道の反響が大きかったため、会社はいったんすぐに販売を中止し回収したが、断念したわけではなかった。しかし、ダニロンに発ガン促進作用があるという実験結果が発表されたり、労働組合への支援が広がる中、ついに大鵬薬品はダニロンの製造販売を八八年に断念した。

その後、会社と労働組合の争議は地労委の斡旋で和解交渉が進められ、会社側の引き延ばしにあいながらも九二年に中央労働委員会の場で和解が成立した。和解協定の中には「自社製品にまつわる問題についても労使の話し合いの場を設ける」ことが明記され、大鵬薬品労組は薬害を企業の中から未然に防いだだけでなく、市民や被害者から信頼される製薬労働者として今後も活動することを会社に認めさせたのである。

3　学問・技術

(1)　公害問題と医学・衛生学

生命・健康と公害問題——最悪の環境問題

戦後の四大公害問題、水俣病、新潟水俣病、四日市ぜん息、イタイイタイ病はいずれも深刻な健康障害と多くの死亡者をもたらした深刻な公害事件であった。これらの四大公害問題は、単純な環境問題ではなく、多くの人命がかかわった深刻な環境問題であった。

戦前、戦後の公害問題は、そのいずれもが多くの人命にかかわった深刻な問題であったという性格を持っているが、特にこの四つの公害問題は、人命にかかわる深刻な医学的問題であったという性格を持っている。

このように、言わば医学・衛生学が正面からその究明と対策に全力をあげなければならない課題として社会に提起されたという歴史を持っている。

水俣病・新潟水俣病・四日市ぜん息・イタイイタイ病

戦後の日本で、最も深刻な公害問題であった水俣病は、一九五六年に、臨床診断の難しい神経症状を中心とした「水俣奇病」として日本窒素水俣工場付属病院で見出され、その病状に最も近いものが小児麻痺（ウイルス性感染症）であったことから、当初は伝染病として、水俣保健所などによって伝染病予防法による消毒なども行なわれていた。しかしその症状が小児麻痺とは完全には一致せず、新たな病因の追究が必要とされ、現地の熊本大学医学部によるその困難な追究が開始された。その中で、当時の医学部公衆衛生学教室の喜田村教授らによる疫学調査によって、その病因は、当初想定された伝染病ではなく、「魚介類を介する化学性食中毒」である、すなわち、魚に有害性の強い化学性毒物が含まれているというものであった。

熊本県衛生部は、この報告に基づいて、漁業の抑制を漁協に要請したところ、いったんは患者の発生が減少した。しかし水俣湾近海で化学性有害物を排出している可能性のあるほとんど唯一の化学工場である日本窒素肥料（現チッソ）は、その毒物の化学的内容が証明されていないことを理由として工場操業の抑制を受け入れず、さらにその廃水の処理を行なうこともなく、逆にその生産を拡大させ続けた。

一方、漁業の一時的な抑制による患者の一時的な減少にかかわらず、休業の補償が得られない漁業者はその漁業を再開せざるをえず、このことが、あの悲惨な多数の患者を輩出させたことに連なっており、もしこの最初の段階の、疫学的に病因が指摘された時点で工場の操業の抑制、廃水処理の強化などに入っていれば、患者は最初に発生した数十名の範囲でとどまり、後の数千名に上る泥沼のような事態に入ることはなかったのではないかと考えられ、日本窒素水俣工場の大きな責任が追及されることとなったのである。

新潟水俣病は、上記の水俣病（熊本水俣病）の事例があり、かつその原因がメチル水銀を含む工場廃水にあることが確認されるようになっていたにもかかわらず、同様な方法でアセトアルデヒド、酢酸などを製造していた昭和電工鹿瀬工場は、十分な廃水処理を行なうことなく漫然と廃水を排出してその操業を続け、その排出先の新潟県阿賀野川流域に多くの患者を発生させ、現地の新潟大学医学部の椿忠雄教授らによって水俣病として発見されたもので、排出者の責任はきわめて大きなものがある。

四日市ぜん息は、第二次世界大戦後の復興時代を経て、昭和三〇年代に入ってとられた高度経済成長政策の下で、三重県四日市市の広大な旧第二海軍燃料廠跡地に、三菱化成・シェル石油などを中心にした有力な化学系企業各社によって、日本で最初の大規模な石油化学コンビナートが建設され、操業が始められた。

このコンビナートに導入された原油は、戦後大規模に産出されるようになった中近東原油がその中心で、これを蒸留精製し、その軽質部分（沸点の低い部分）をガソリン、軽油、ナフサ（石油化学の原料）などの各種燃料や各種石油化学製品の原料とするとともに、その重質部分の重油などを現地で工場燃料、火力発電燃料などに大量に使用し、これに伴って大量の亜硫酸ガス（SO_2）などの硫黄酸化物が何らの除去プラントなしの操業で排出され、その排出量は年間約一五万トン、最大時には二四万トン前後に達し、第二次世界大戦後の日本最大の大気汚染ともなったものである。

この大気汚染は、コンビナート周辺部に大量のぜん息患者の発生をもたらし、特にコンビナートの風下に当たる同市磯津地区では五〇歳以上の年齢層では五人に一人という高率で患者が発生した。また、ぜん息患者だけではなく、慢性気管支炎、咽喉頭炎などの気道性疾患の患者の大幅な発生をもたらした。

この患者の大量発生の原因を追及していた現地の三重大学医学部公衆衛生学教室の吉田克己らは、その疫学的研究によって、その原因が硫黄酸化物による大気汚染にあることを発見し、これが四日市公害訴訟判決によって確定し、患者に対する損害賠償が支払われるようになったのである（吉田克己『四日市公害』柏書房、二〇〇二年）。

イタイイタイ病は、第二次世界大戦末期ごろより、富山県神通川流域に激烈な疼痛と多発する骨折を主訴とする奇妙な疾患が多発していることが気づかれるようになり、初めて長沢太郎らによって報告され、その後、現地の開業医である萩野昇博士によって研究が進められ、ビタミンＤの大量投与などの療法が使用されるようになった。

その原因については、萩野昇、吉岡金市、小林純らや、富山県地方特殊病対策委員会、厚生省医療研究イタイイタイ病研究委員会などによる疫学研究によって、神通川上流に位置する神岡鉱山の廃水に含まれるカドミウムがその主要な原因として取りあげられ、これに低蛋白、低カルシウムなどの栄養上の問題が協同しているとされている。

原因究明――疫学の重要性

これらの四つの公害病のうち、当初より既にその前例が存在し、病因が明らかとなっていた新潟水保病を除き、当初はその病因が明らかでなかった三つの公害病の原因究明の経過を見ていくと、そこで利用された研究手段がいずれも疫学的な研究であったことが分かる。疫学は、病因が不明確な疾患の研究に利用される研究方法であり、これらの公害問題の追及でその有効性が大きく知られるようになるまでは、我が国ではあまり注目されず、研究対象となることも少なかった学問領域でもあった。

その理由として最も考えられるのは、戦前の日本の医学に圧倒的な影響力を持っていたのはドイツ医学であったが、このドイツ医学の中心にあったのは、コッホによる細菌学の成功であり、この成功によって多くの伝染病（感染症）の病因とそれへの対策が進展したが、この成功によって、コッホによって提示された病因の決定法、すなわち、その感染症の病因（細菌）の決定原則として、次のコッホの三原則がその強力なよりどころとなった。すなわち、

①　その菌がいつもその病変部から発見される
②　その病変に限ってその菌が発見される
③　分離し、純培養した菌でその病変が再現できる

の三条件が実験的に証明されたときに、その細菌はその病変の原因であるというもので、その考え方は細菌学の枠を越えて、たとえば、細菌を化学物質その他の作用因子に置き換えて、病因論全般について、この三原則を適用する実験医学万能の考え方を人々に植えつけ、強い影響力を持っていたということがあり、その結果、英米医学に見られた疫学的研究が重視されていなかったということがある。

一刻を急ぐ対策——健康障害性公害問題

先述の第三部1（4）「公害の社会的コスト」に示されたように、公害の健康障害による被害は、生命・健康というかけがいのない価値への打撃であるだけではなく、その経済的損害も無視できない大きさを持っている。また、この「公害の社会的コスト」の節の中で示したように、このコストの額を決める最大の因子は、脱硫などの本質的な公害対策の開始時期にかかっているということが分かってきた。すなわち、早く対策を始めれば始めるほどその社会的コストは大幅に低下することが分かってきている。その最大の事由は、対策が遅れれば遅れるほどその被害、患者数などが増大し、その治癒が難しいため患者数は蓄積され、その損害額が増大していくということがある。

新しい環境問題と医学・衛生学

四大公害問題をはじめとする過酷な公害問題は、昭和四〇年代以降の社会での反公害運動の急速な強化、四大公害訴訟での原告側（患者側）の勝利によって、以降、自動車排ガス汚染の問題を残しながらも、その相当部分については大きく解決に向かった。

ただ、その解決への動きの中で、あたかもその相当部分については、公害問題は解決済みという雰囲気が生まれ、その中で、我々の意識の中での環境問題は、地球環境問題やごみ処理、自然保護などの問題のみのような意識が生まれ、人の健康問題は存在しないかのような雰囲気が強まり、かつての公害問題は、過去の歴史の一齣であるというような理解ともなり、環境問題に対する医学・衛生学、保健学などの分野からの関心が薄れてしまうような状況がもたらされている。

しかし、このような傾向は決して正しい発展の方向ではない。人の健康、生命にかかわるような事態は最悪のものであり、その影響の迅速な発見、原因の究明、対策の推進は、社会の安全にとってきわめて重要な課題であることを認識する必要がある。

（2）公害問題と科学技術

科学技術と公害問題の歴史

人類の歴史は、用いた道具の材質から、石器時代・青銅器時代・鉄器時代の三つに区分された。金属の利用は金・銀・銅・鉄などが中心であり、特に銅と錫や鉛との合金である青銅と鉄は、祭器・農工具・武器などに用いられた。しかし、金属の製錬には大量の薪木や木炭を必要とし、森林伐採による牧場や農地の開発とあいまって、森林破壊と砂漠化を促進した。ギリシャ・ローマ時代には、鉱山活動による自然破壊、水銀・ヒ素・鉛などの重金属による中毒や環境汚染が起こった。特に鉛は、食器・台所用品・水道管などに広く使用され、慢性鉛中毒を引き起こした。日本でも、当時世界最大の青銅製大仏が造られたが、奈良大仏の金メッキに大量の水銀が使われ、多数の水銀中毒者が出たと言われる。

中近世に発達した産業は、金属鉱業と活版印刷業であった。アグリコラの『デ・レ・メタリカ』には、金属鉱業による森林破壊と動植物の絶滅、鉱毒水による魚類の絶滅などが紹介された。医師パラケルススは『鉱夫肺労、並びにその他の鉱山病』を著し、労働衛生学の祖ラマッチーニも『働く人々の病気』で、鉱夫の病気、金細工人・陶磁師・ガラス職人・鋳物師・画家たちの水銀・鉛中毒、塵肺などの職業病を明らかにした。日本は当時ジパング（黄金の島）と呼ばれ、世界有数の金銀銅の輸出国であった。佐渡金山・石見銀山・生野銀山・足尾銅山・別子銅山などが栄えたが、鉱夫塵肺や鉱毒問題を引き起こした。

近代の産業革命は、鉄と石炭を利用した蒸気機関の発明を契機とした。イギリスの工業都市のバーミンガム・マンチェスター・リバプールなどは、「黒い地方」と言われるほどばい煙の町であった。ロンドンも石炭燃焼によるばい煙により、スモッグの都市と化し、公害の語源である「公的不法妨害（Public Nuisance）」という言葉が生まれた。日本では、明治維新以降、近代化と産業革命が開始された。当時、生糸と並ぶ輸出産業であった銅鉱業は、「銅は国家なり」と豪語し、足尾・別子・小坂・日立の四大銅山が繁栄したが、「四大鉱毒・煙害事件」を引き起こした。特に、足尾鉱毒事件は、「公害の原点」と称された。

第二次世界大戦後、立ち直った日本産業は、一九六〇年代以降、鉄鋼・造船・電気・自動車などの金属産業に石油化学工業を加えた重化学工業を中心に高度成長を遂げた。しかし、鉱山から排出されたカドミウムによるイタイイタイ病、化学工場から排出された水銀による熊本・新潟両水俣病、石油化学コンビナートから排出された二酸化硫黄（SO_2）による四日市ぜん息の「四大公害事件」が起こった。この事件を契機に一九七〇年の公害国会で公害関連法が制定され、典型七公害の法規制と、産業公害防止対策が行なわれるようになり、一九七〇年代に産業公害はある程度改善された。一九八〇年代以降、自動車公害、空港騒音、地下水汚染、ごみ問題、景観・自然破壊などの身近な地域の環境問題がクローズアップされてきた。

科学技術と資源・エネルギー問題

金属消費量が目立って増加したのは、一九世紀末の産業革命以降であるが、第二次世界大戦後の増加は特に著しい。金属鉱山や製錬所は、世界各地で森林破壊、土壌侵食、大気汚染、水質汚濁などの環境問題の一大発生源となった。また、金属鉱山・製錬所は、産業の最大エネルギー消費部門であり、二酸化炭素排出により地球温暖化の一因となっている。

一九七二年に出版されたローマクラブ・レポートの『成長の限界』は、「指数関数的な世界人口の増加と経済成長がこのまま続けば、きわめて近い将来、壊滅的な事態を迎えるであろう」と警告していた。特に、金属鉱石と化石燃料の枯渇が試算され、二一世紀末まで持つものはわずかしかない。金属鉱石も化石燃料も有限な再生不可能な地下資源なので、金属リサイクルと再生可能なエネルギーの開発を進める必要がある。

緑色植物や藻類は、大気中の二酸化炭素と水と太陽光エネルギーを利用し、有機物を光合成して成長する。太古の緑色植物が化石化したものが石炭であり、藻類の化石化したものが石油・天然ガスとされ、文字どおり石炭・石油・天然ガスを化石燃料と言う。つまり、化石燃料とは、太古の太陽エネルギーと二酸化炭素が蓄積したものとは言え、化石燃料を燃焼利用することは、太古の太陽エネルギーを利用し、蓄積した二酸化炭素を放出することにほかならない。

世界のエネルギー消費は、産業革命以降、金属と同様に増加しており、急激な増加は、一九五〇～

六〇年代の高度成長時代である。一九九二年現在のエネルギー資源は、石油が約三五パーセント、石炭が約二五パーセント、天然ガスが約二〇パーセント、原子力は約七パーセントで、前三者の化石燃料が約八〇パーセントを占める。一九九六年現在の確認可採埋蔵量は、石炭が約一兆トン、石油が約1兆バレル、天然ガスが約一四〇兆立方メートルであり、可採年数は、石炭が約二〇〇年、石油が約四〇年、天然ガスが約六〇年である。つまり、石油と天然ガスは二一世紀中には枯渇し、石炭は枯渇しないが、二酸化炭素を多く発生するので、石炭に頼ることはできない。

原子力発電は、原子炉内のウランなどの核燃料物質の核分裂反応により発生する熱を冷却材で炉外に取り出して水蒸気をつくり発電機を回す。二〇〇六年現在、世界で四二九基が稼働し、アメリカ一〇三基、フランス五九基、日本五五基が上位三国である。原子力発電事故としては、一九七九年のアメリカ・スリーマイル島原発事故、一九八六年のソ連・チェルノブイリ原発事故、一九九一年の日本・美浜原発事故などがあり、特にチェルノブイリ原発事故は、ソ連国内のみならず、全世界に放射能（死の灰）を撒き散らした重大事故だった。

核燃料のウラン資源の可採年数は約七〇年であり、金属資源や化石燃料と同様に二一世紀中に枯渇が予測される。放射性廃棄物を再処理してプルトニウムを取り出せば、一〇〇〇年以上利用できるが、再処理工場の放射能事故の危険性もあり、世界的には再処理を断念する方向になっている。また、高レベル放射性廃棄物の処理・処分技術は確立したとは言えず、半減期の長いものは一〇〇〇年～一〇〇万年間も管理する必要があり、この費用を考慮すれば、原発はとても採算のとれる発電方法ではない。そこで最近、ドイツやスウェーデンでは、原発の段階的廃止を決めている。

省資源・循環型の科学技術

世界に先駆けてドイツは、一九九一年の包装廃棄物政令、一九九六年の循環経済・廃棄物法、一九九八年の廃自動車政令・廃バッテリー政令などを制定し、廃棄物の生産者責任によるリサイクルを進めている。スウェーデン、オランダ、デンマーク、フィンランドなどでも、生産者責任による廃棄物リサイクルが行なわれている。これらの北部EU諸国の動きを受けてEUは、一九九一年のEUバッテリー指令、一九九四年のEU包装容器廃棄物指令、一九九六年のEU廃棄物管理戦略を出し、生産者責任による廃棄物リサイクルを強化している。二〇〇〇年にEU廃自動車リサイクル指令を、二〇〇一年にEU廃電気・電子リサイクル指令を制定した。

日本でも遅ればせながら、一九九七年に容器包装リサイクル法が施行されたが、自治体が収集するなど、生産者責任が徹底されず、一部の包装容器しか回収されないなどの問題が起こっている。二〇〇〇年に循環型社会形成促進基本法、家電・食品・建設リサイクル法などが制定されたが、家電リサイクル法では、テレビ・冷蔵庫・洗濯機・エアコンの四品目のみで、消費者がリサイクル費用を負担するため、不法投棄が増加している。二〇〇二年制定の自動車リサイクル法でも、フロン・エアバッグ・シュレッダーダストの三品目のみで、消費者がリサイクル費用を負担し、生産者責任が徹底されていないので、大きな効果は期待できない。

ドイツの環境政策をリードするヴッパタール研究所元副所長のシュミット゠ブレークは、「大量資源採取→大量生産→大量消費→大量廃棄という現代社会・経済の物質フロー下の廃棄物リサイクルは、新たな資源・エネルギーを必要とし、環境問題の根本的解決にはならない」とし、すべての物質フローの入り口である資源採取量そのものを大幅に削減することを提言した。サービス単位当たりの物質投入量を表すＭＩＰＳ（Material Input Perunit Service）という指標を開発し、ＭＩＰＳを一〇分の一にする、つまり、資源生産性を一〇倍に高める「ファクター10」を提言する。『ファクター10』の日本語訳については、私も翻訳に加わり、一九九七年にシュプリンガー・フェアラーク東京から出版された。

世界の資源消費量の八〇パーセントは、世界人口の二〇パーセントしかない先進工業国の消費であり、特に、世界人口四パーセントのアメリカは、世界資源の四〇パーセントも消費している。地球温暖化を防ぐためには、二〇五〇年に二酸化炭素の排出量を半分にする、つまり、地球的規模の物質フローを半分にする必要があり、開発途上国の経済成長と人口増加を考慮すれば、先進国は平均して一〇分の一以上、脱物質化しなければならない。ヴッパタール研究所所長のヴァイツゼッカーと、アメリカのロッキーマウンテン研究所のロビンス夫妻は、当面資源生産性を四倍化し、長期的に一〇倍化する「ファクター４」を提唱している。このファクター10やファクター４を実現するためには、画期的な省資源・省エネルギー技術の開発が不可欠であり、それは新しいビジネス・チャンスでもある。

第四部　年表および参考文献

公害問題年表

一八七七年（明治10）	大阪府、鋼折・鍛冶・湯屋三業取締規則制定
一八八四年ごろ	足尾銅山周辺の山々に煙害始まる
一八八四年	住友、新居浜に洋式溶鉱炉建設（九三年別子との間に私設鉄道開通、煙害の激化）
一八八五年	東京深川の浅野セメント降灰問題
一八八七年ごろ	大阪中ノ島朝日新聞の煙害事件（工業化に伴う不可避の事件として加害者がこれを合理化）
一八八八年	後藤新平『職業衛生法』で都会の煙突に憂慮
一八九〇年	鉱業条例制定　渡良瀬川洪水、最初の足尾鉱毒被害
一八九五年	古河鉱業、松木村と「条約書」
一八九六年	大阪府、製造場取締規則制定
	渡良瀬川洪水、足尾銅山鉱業停止の声高まる
一八九七年	政府、足尾銅山鉱毒調査会設置、鉱毒予防工事命令
一九〇〇年	渡良瀬川沿岸農民を兇徒聚集罪で多数逮捕
一九〇一年	田中正造、天皇に直訴
一九〇二年	ばい煙防止に関する大阪府会の建議
一九〇三年	松木村村民、すべて村を去りおわる
一九〇四年	住友、製錬所を新居浜から四阪島に移す
	八幡製鉄所火入れ（一九〇一年操業開始）
一九〇五年	鉱業法制定

一九〇六年	谷中村強制破壊
一九〇七年ごろ	四阪島・小坂・日立（日立での被害のピーク一九一四年）などの鉱毒・煙害問題広がる
一九〇九年	政府、鉱毒予防調査会を設置、予防方法の研究に従事（独り鉱業家のみならず広く工業家の研究すべき問題）
一九一〇年	別子煙害問題で第一回賠償契約
一九一〇年代	八幡の黒いすずめ事件
一九一一年	工場法制定
	大阪で煤煙防止研究会発足
一九一二年（大正1）	大阪府、煤煙防止令草案作成
一九一三年	神岡鉱業所の煙害激化
一九一四年	日立の大煙突設置
一九一六年	深川の浅野セメントでコットレル式電気集塵装置設置
一九一八年	議会で発電水利権の法規制定に関する建議案審議
一九一九年	都市計画法
一九二〇年	大阪府、工場取締規則制定
一九二一年ごろ	石炭鉱害、問題とされ始める（一九三三年被害地復旧助成の建議案）
一九二二年	賀川豊彦「空中征服」
一九二六年（昭和1）	庄川事件始まる
	工場監督年報に「工場公害」の報告現れる
一九二八年	農林省、水質保護法案を策定
一九三二年	全国都市問題会議で都市の煤煙問題が討議、自動車排気ガス問題も研究報告の中に

	（樫木徹、一九二六～二八シカゴの空気汚染調査紹介）
一九三二年	大阪府、煤煙防止規則制定
一九三四年	藤原九十郎「都市の騒音防止問題」 東京市で地盤沈下が問題とされ始める
一九三七年	東邦亜鉛安中製錬所の建設（群馬県）
一九三九年	鉱業法改正、無過失賠償の原則を採用
一九四〇年	中央農林協議会、農地の無秩序な改廃を規制することを答申
一九四七～四八年	政府の調査により筑豊一帯と山口地方合わせた鉱害被害は二〇〇億円を超える（山口石炭鉱業会）
一九四八年	東邦亜鉛安中製錬所の再開、新設問題（四九、五〇年？建設省許可）
一九四九年	同上、焙焼炉・硫酸工場建設を申請。住民の反対強まる（五一年操業）
一九五二～五三年ごろ	チッソ、石油化学への転換方針（アセトアルデヒド工場の新設は四九年？）
一九五五年	旧第二海軍燃料廠跡を昭和石油に払い下げ、三菱・シェルグループの石油コンビナートと連携させるとの閣議決定（昭和四日市石油五八年より操業）
一九五六年	水俣病の公式発見（五三年ごろから「奇病」、猫の狂い踊り）
一九五八年	本州製紙江戸川工場に千葉県浦安漁民が乱入する。この後の水質汚濁反対漁民大会で水質汚濁防止法制定の要求。水質保全法・工場排水規制法制定
一九五九年	チッソ、見舞金契約
一九六〇年	四日市第一コンビナート（塩浜）完成。異臭魚など。六三年には塩浜地区で検診を受けた者の八割にぜん息症状。企業の強弁
一九六一年	萩野昇医師、イタイイタイ病の原因として神岡鉱業所のカドミウムであることを指摘（六八年、厚生省医療研究イタイイタイ病研究委員会がカドミウム説発表）

一九六二年　ばい煙の排出の規制等に関する法律
一九六三〜六四年　三島・沼津・清水コンビナート反対運動
一九六五年　六月　新潟水俣病の公表
一九六七年　六月　新潟水俣病提訴
　七月　公害対策基本法制定
　九月　四日市公害裁判提訴
一九六八年　三月　イタイイタイ病提訴
　六月　大気汚染防止法制定
　九月　政府は二つの水俣病を工場排水中のメチル水銀による公害病と認定
一九六九年　一月　石牟礼道子『苦海浄土』
　二月　カネミ油症被害提訴
　六月　水俣病提訴
　一二月　「公害に係る健康被害の救済に関する特別措置法」公布（翌年二月施行）
　大阪国際空港、第一次訴訟（川西市住民）、七一年六月第二次訴訟（川西市住民、同年一一月第三次訴訟（豊中市住民）
　東京都公害防止条例制定（条例による上乗せ）
一九七〇年　三月　公害問題国際シンポジウム
　七月　東京都で光化学スモッグ
　八月　田子の浦でヘドロ汚染大抗議集会
　九月　日本鋼管と川崎・横浜両市の公害防止協定
　一一月　公害国会
　一二月　廃棄物処理法制定（七一年九月施行）

一九七一年	一月	東京都、「都民を公害から防衛する一〇年計画」
	五月	薬害スモン提訴
	六月	高知生コンクリート事件（高知パルプ、浦戸湾を守る会）
	七月	環境庁発足
	一二月	四三号線公害対策尼崎連合会発足（代表森島千代子）
一九七二年	六月	国連人間環境会議（ストックホルム）
	七月	四日市公害裁判判決（一九七一・六イ病地裁、七二・八同控訴審判決、七三・三水俣病地裁判決、七一・九新潟水俣病判決）
	九月	阪神高速大阪西宮線建設禁止仮処分申請（七六年八月工事差止、損害賠償の訴訟提訴）
一九七三年	三月	国連環境計画設置
	六月	水産庁、魚介類のＰＣＢ汚染を発表
	一〇月	公害健康被害補償法の制定
	一〇月	瀬戸内海環境保全臨時措置法の制定
一九七四年	三月	名古屋新幹線訴訟提訴
一九七七年	三月	自動車排出ガス規制（日本版マスキー法）の実施
一九七八年	四月	西淀川公害訴訟（第一次）
	六月	瀬戸内海環境保全特別措置法
	七月	環境庁、二酸化窒素（NO_2）の大気環境基準の改定
一九七九年	一〇月	琵琶湖条例制定（八〇年施行）
一九八二年	三月	川崎公害提訴
一九八五年	三月	オゾン層保護のためのウィーン条約採択
一九八七年	九月	「公害健康被害補償法」の一部改正（八八年大気汚染に係る指定地域を解除）

一九八八年一二月	尼崎公害提訴
一九八九年（平成1）	名古屋南部公害提訴（二〇〇一年八月和解）
一九九一年一〇月	廃棄物処理法改正
一九九二年　五月	気候変動枠組条約採択
六月	地球サミット（リオデジャネイロ）
六月	自動車NO_x法の制定
一九九三年一一月	環境基本法制定
一九九五年　七月	西淀川公害訴訟（第二次）判決
一九九六年　五月	東京大気汚染公害提訴（二〇〇二年一〇月第一次判決）
一九九八年　八月	川崎公害訴訟判決
二〇〇〇年　一月	尼崎大気汚染訴訟一審判決
一二月	東京都、環境確保条例制定（〇一年四月施行）
二〇〇一年　六月	自動車NO_x・ＰＭ法制定
二〇〇二年　五月	土壌汚染対策法制定（〇三年二月施行）

参考文献

1、史料

栃木県内務部『渡良瀬川沿岸被害原因調査ニ関スル農科大学ノ報告』一八九二年：『資料足尾鉱毒事件』所収
政府鉱毒調査会「足尾銅山及び小坂鉱山に関する調査報告書」『日本鉱業会誌』第二二〇号　一九〇三年
鉱山懇話会編『鉱毒調査資料』第1巻　鉱山懇話会　一九一二年
一色耕平『愛媛県東予煙害史』　周桑郡煙害調査会　一九二六年
茂野吉之助編『古河市兵衛翁伝』　五日会　一九二六年
木下尚江編『田中正造之生涯』　国民図書　一九二八年
農林省農務局『福岡県に於ける炭鉱業に因る被害の実情調査』　農林省農務局　一九三一年
農林省水産局『水質保護ニ関スル調査』　農林省水産局　一九三二年
愛媛県経済部農務課『愛媛県東予地方ニ於ケル別子銅山煙害問題ノ経過』　愛媛県経済部農務課　一九三七年
大野勇編『荒田川閘門普通水利組合誌』大野勇　一九三八年
平塚正俊編『別子開坑二百五十年史話』　住友本社　一九四一年
藤波一治『辻本謙之助燃料燃焼論文集』　辻本謙之助君燃料報国満二十年記念会　一九四二年
坂本繁「鉱害三十年史（1）」、九州鉱害復旧事業団『鉱害時報』3　一九五六年
桑原史成『水俣病——写真集』　三一書房　一九六五年
木下尚江編『田中正造の生涯』　文化資料調査会　一九六六年
荒畑寒村『谷中村滅亡史』　新泉社　一九七〇年
島田宗三『田中正造翁余禄』上・下　三一書房　一九七二年
高田新太郎編著『安中鉱害——農民闘争40年の証言』　御茶の水書房　一九七五年

橋本道夫『私史環境行政』朝日新聞社　一九八八年
W・ユージン・スミス&アイリーンM・スミス（中尾ハジメ訳）『写真集　水俣』（新装版）三一書房　一九九一年
畑明郎「環境委員会参考人意見」参議院ホームページ・会議録情報　二〇〇二年五月九日

2、史料集

内水護編『資料足尾鉱毒事件』亜紀書房　一九七一年
神岡浪子編『資料近代日本の公害』新人物往来社　一九七一年
『ジュリスト　特集四日市公害訴訟』五一四号　臨時増刊号　一九七二年
小山仁示編『戦前昭和期大阪の公害問題資料』ミネルヴァ書房　一九七三年
田中正造全集編纂会編『田中正造全集』全二〇巻　岩波書店　一九七七〜一九八〇年
澤井余志郎編『くさい魚とぜんそくの証文――公害四日市の記録文集』はる書房　一九八四年
四日市公害記録写真集編集委員会編『新聞が語る四日市公害』一九九二年
宮本憲一監修・草の根出版会編『写真・絵画集成・日本の公害』1〜6巻　日本図書センター　一九九六年
『四日市市史　第15巻　史料編　現代Ⅱ』四日市市　一九九八年
『四日市市史　第19巻　通史編　現代』四日市市　二〇〇一年
水俣病被害者・弁護団全国連絡会議編『水俣病裁判全史』1〜5巻　日本評論社　一九九八〜二〇〇一年
『四日市公害』市民運動記録集』1〜4巻　日本図書センター　二〇〇七年

3、研究書

愛媛県商工労働部労政課『資料愛媛労働運動史』一〜九巻　一九五八〜一九六五年
庄司光・宮本憲一『恐るべき公害』岩波新書　一九六四年

武谷三男編『安全性の考え方』　岩波新書　一九六七年
都留重人編『現代資本主義と公害』　岩波書店　一九六八年
アグリコラ：三枝博音訳著・山崎俊雄編『デ・レ・メタリカ――全訳とその研究』　岩崎学術出版社　一九六八年
水俣病研究会『水俣病にたいする企業の責任――チッソの不法行為』　水俣病を告発する会　一九七〇年
宇井純編『公害原論』Ⅰ～Ⅲ、補巻Ⅰ～Ⅲ　亜紀書房　一九七一～一九七四年
内水護・村尾行一『加害者としての国家――公害政策史』　亜紀書房　一九七一年
小野英二『原点・四日市公害10年の記録』　勁草書房　一九七一年
原田正純『水俣病』　岩波新書　岩波書店　一九七二年
石田好数編『漁民闘争史年表』　亜紀書房　一九七二年
田尻宗昭『四日市・死の海と闘う』　岩波新書　一九七二年
D・H・メドウズほか（大来佐武郎監訳）『成長の限界――ローマ・クラブ「人類の危機」レポート』　ダイヤモンド社　一九七二年
田中哲也『土呂久鉱毒事件――浮かび上がる廃鉱公害』　三省堂新書　一九七三年
愛媛産業経済研究会編『新居浜産業経済史』　新居浜市　一九七三年
大阪自治センター編『恐怖の都市公害――道路・ゴミ・水』　三一書房　一九七四年
山田操『京浜都市問題史』　恒星社厚生閣　一九七四年
宮本憲一『日本の環境問題――その政治経済学的考察』　有斐閣　一九七五年
田村紀雄『鉱毒農民物語』　朝日新聞社　一九七五年
ジョン・W・ゴフマン、アーサー・R・タンプリン（小山内宏訳）『原発はなぜ、どこが危険か』　ダイヤモンド社　一九七五年
環境庁環境保健部保健業務課編『公害医療ハンドブック』（公害健康被害補償法の解説）　日本医事新報社　一九七六年

日本経営史研究所編『創業百年史』古河鉱業　一九七六年
武谷三男編『原子力発電』岩波新書　一九七六年
宮本忠編・岩本勲著『公害と行政責任――四日市の場合』河出選書　一九七六年
加藤邦興『日本公害論――技術論の視点から』青木書店　一九七七年
飯島伸子編『公害・労災・職業病年表』公害対策技術同友会　一九七七年
宇井純『公害の政治学――水俣病を追って』三省堂　一九六八年
倉知三夫・利根川治夫・畑明郎編著『三井資本とイタイイタイ病』大月書店　一九七九年
有馬澄雄編『水俣病――二〇年の研究と今日の課題』青林舎　一九七九年
樋口健二『フォトドキュメント――原発』オリジン出版センター　一九七九年
B・ラマッツィーニ（松藤元訳）『働く人々の病気――労働医学の夜明け』北海道大学図書刊行会　一九八〇年
環境庁十周年記念事業実行委員会編『環境庁十年史』ぎょうせい　一九八二年
森永英三郎『足尾鉱毒事件』上下　日本評論社　一九八二年
木野茂「労災職業病と労働行政」『技術と人間』一一巻一二号　一九八二年
小田康徳『近代日本の公害問題――史的形成過程の研究』世界思想社　一九八三年
東海林吉郎・菅井益郎『通史足尾鉱毒事件 1877–1984』新曜社　一九八四年
飯島伸子『環境問題と被害者運動』学文社　一九八四年
宇井純『技術と産業公害』国際連合大学　一九八五年
原田正純『水俣病は終っていない』岩波新書　一九八五年
淡路剛久編著『開発と環境』日本評論社　一九八六年
鬼塚巌『おるが水俣』現代書館　一九八六年
小田康徳『都市公害の形成――近代大阪の成長と生活環境』世界思想社　一九八七年
神岡浪子『日本の公害史』世界書院　一九八七年

川名英之『ドキュメント日本の公害』1〜13巻　緑風出版　一九八七〜九六年
小山仁示『西淀川公害——大気汚染の被害と歴史』　東方出版　一九八八年
「岩佐裁判の記録」編集委員会編『原発と闘う——岩佐原発被曝裁判の記録』　八月書館　一九八八年
宮本憲一『環境経済学』　岩波書店　一九八九年
原田正純『水俣が映す世界』　日本評論社　一九八九年
環境庁地球環境経済研究会『地球環境の政治経済学——新グローバリズムと日本』　ダイヤモンド社　一九九〇年
石塚裕道『日本近代都市論——東京：1868-1923』　東京大学出版会　一九九一年
環境庁20周年記念事業実行委員会編『環境庁二十年史』　ぎょうせい　一九九一年
住友金属鉱山株式会社住友別子鉱山史編集委員会編『住友別子鉱山史』（上・下・別巻）　住友金属鉱山　一九九一年
宮本憲一『環境と開発』　岩波書店　一九九二年
寺西俊一『地球環境問題の政治経済学』　東洋経済新報社　一九九二年
小出裕章『放射能汚染の現実を超えて』　北斗出版　一九九二年
四日市公害記録写真集編集委員会編『四日市公害記録写真集』　四日市公害記録写真集編集委員会　一九九二年
樋口健二『日本破壊列島一九七〇—一九九〇』　三一書房　一九九二年
足尾町郷土誌編集委員会『足尾郷土誌』　足尾町郷土誌編集委員会　一九九三年
水俣病センター相思社編『絵で見る水俣病』　世織書房　一九九三年
「私たちの青空裁判」編集委員会『私たちの青空裁判——千葉川鉄公害訴訟のあゆみ』　光陽出版社　一九九四年
大阪市環境保健局環境部監修、財団法人地球環境センター編『大阪市公害対策史』　財団法人地球環境センター　一九九四年
布川了・神山勝三『田中正造と足尾鉱毒事件を歩く』　随想舎　一九九四年
畑明郎『イタイイタイ病——発生源対策22年のあゆみ』　実教出版　一九九四年

原田正純『慢性水俣病・何が病像論なのか』 実教出版 一九九四年
小林圭二『高速増殖炉もんじゅ――巨大核技術の夢と現実』 七つ森書館 一九九四年
高木仁三郎『プルトニウムの未来』 岩波新書 一九九四年
岡田雅夫・鈴木茂・橋本了一・森瀧健一郎『瀬戸内生活圏の荒廃と再生』 晃洋書房 一九九五年
沢田猛『黒い肺――旧産炭地からの報告』 未來社 一九九五年
後藤孝典『ドキュメント「水俣病事件」沈黙と爆発』 集英社 一九九五年
色川大吉編『新編・水俣の啓示――不知火海総合調査報告』 筑摩書房 一九九五年
富樫貞夫『水俣病事件と法』 石風社 一九九五年
伊藤章治『現場が語る環境問題――四日市、アジア、そして地球サミット』 勁草書房 一九九五年
宮本憲一『環境と自治――私の戦後ノート』 岩波書店 一九九六年
新居浜市編『歓喜の鉱山（やま）――別子銅山と新居浜』 新居浜市 一九九六年
原田正純『胎児からのメッセージ――水俣・ヒロシマ・ベトナムから』 実教出版 一九九六年
瀬尾健『原発事故…その時、あなたは！』 風媒社 一九九五年
広河隆一『チェルノブイリの真実』 講談社 一九九六年
長谷川公一『脱原子力社会の選択――新エネルギー革命の時代』 新曜社 一九九六年
藤田祐幸『知られざる原発被曝労働』 岩波ブックレット 一九九六年
斎藤恒『新潟水俣病』 毎日新聞社 一九九六年
緒方正人・辻信一『常世の舟を漕ぎて――水俣病私史』 世織書房 一九九六年
飯島孝『技術の黙示録 翼をたため、向きを変えるのだ 化学技術論序説』 技術と人間 一九九六年
大阪府漁業史編さん協議会編『大阪府漁業史』 大阪府漁業史編さん協議会 一九九七年
畑明郎『金属産業の技術と公害』 アグネ技術センター 一九九七年
F・シュミット゠ブレーク（佐々木建・楠田貢典・畑明郎共訳）『ファクター10――エコ効率革命を実現する』

シュプリンガー・フェアラーク東京　一九九七年
原田正純『炭坑（やま）の灯は消えても――三池鉱炭じん爆発によるCO中毒の33年』　日本評論社　一九九七年
緑風出版編集部編『高速増殖炉もんじゅ事故』　緑風出版　一九九六年
小出裕章・足立明『原子力と共存できるか』　かもがわ出版　一九九七年
宮本憲一編『公害都市の再生・水俣』　筑摩書房　一九七七年
宮澤信雄『水俣病事件四十年』　葦書房　一九九七年
平野孝『菜の花の海辺から　上巻――評伝田中覚』　法律文化社　一九九七年
北九州市産業史・公害対策史・土木史部会『北九州市公害対策史』　北九州市　一九九八年
畑明郎「鉱業と環境問題」『環境大事典』　工業調査会　一九九八年
E・U・ヴァイツゼッカー、L・H・ロビンスほか（佐々木建訳）『ファクター4――豊かさを2倍に、資源消費を半分に』　省エネルギーセンター　一九九八年
生命操作を考える市民の会編『生と死の先端医療――いのちが破壊される時代』　解放出版社　一九九八年
市川定夫『環境学（第3版）――遺伝子破壊から地球規模の環境破壊まで』　藤原書店　一九九九年
大気環境学会史料整理研究委員会編『日本の大気汚染の歴史』　公健協会　一九九九年
深井純一『水俣病の政治経済学――産業史的背景と行政責任』　勁草書房　一九九九年
飯島伸子・舩橋晴俊編著『新潟水俣病問題――加害と被害の社会学』　東信堂　一九九九年
若林敬子『東京湾の環境問題史』　有斐閣　二〇〇〇年
新島洋『青い空の記憶――大気汚染とたたかった人びとの物語』　教育史料出版会　二〇〇〇年
飯島伸子『環境問題の社会史』　有斐閣　二〇〇〇年
片岡法子「戦後・大阪市西淀川地域における大気汚染問題と住民運動」地方史研究協議会編『巨大都市大阪と摂河泉』　雄山閣出版　二〇〇〇年
栗原彬編『証言水俣病』　岩波新書　二〇〇〇年

畑明郎「イタイイタイ病の加害・被害・再生の社会史」『環境社会学研究』Vol.6　二〇〇〇年
木野茂編『新版　環境と人間――公害に学ぶ』東京教学社　二〇〇一年
伊藤太郎・岩沢健蔵『［新版］北大マップ』北海道大学図書刊行会　二〇〇一年
畑明郎『土壌・地下水汚染――広がる重金属汚染』有斐閣　二〇〇一年
畑明郎「広がる市街地土壌・地下水汚染」『病体生理』Vol. 35, No. 3　二〇〇一年一二月
畑明郎「環境問題と技術」日本環境学会編集委員会編『新・環境科学への扉』有斐閣、二〇〇一年
小出裕章・土井淑平『人形峠ウラン鉱害裁判――核のゴミのあと始末を求めて』批評社　二〇〇一年
西村肇・岡本達明『水俣病の科学』日本評論社　二〇〇一年
木野茂・山中由紀『新・水俣まんだら――チッソ水俣病関西訴訟の患者たち』緑風出版　二〇〇一年
原田正純『環境と人体――公害論』世界書院　二〇〇二年
畑明郎「ドイツ・スウェーデンなどEU諸国の環境対策に学ぶ」日本科学者会議公害環境問題研究委員会、『環境展望』編集委員会編『環境　展望 Vol. 2』実教出版　二〇〇二年
吉田克己『四日市公害――その教訓と21世紀への課題』柏書房　二〇〇二年
関礼子『新潟水俣病をめぐる制度・表象・地域』東信堂　二〇〇三年
上野達彦・朴恵淑編『環境快適都市をめざして――四日市公害からの提言』中央法規出版　二〇〇四年
畑明郎『拡大する土壌・地下水汚染――土壌汚染対策法と汚染の現実』世界思想社　二〇〇四年
朴恵淑・上野達彦他『四日市学――未来をひらく環境学へ』風媒社　二〇〇五年
原子力資料情報室編『原子力市民年鑑 2007』七つ森書館　二〇〇七年
畑明郎・上園昌武編『公害湮滅の構造と環境問題』世界思想社　二〇〇七年
粟屋かよ子・播磨良紀編『四日市公害を語る――野田之一氏と澤井余志郎氏へのインタビュー』四日市大学・四日市学研究会　二〇〇八年

4、小　説

夏目漱石『坑夫』　一九〇八年（伊藤整・荒正人編『漱石文学全集』第4巻所収　集英社）
賀川豊彦『空中征服』　一九二二年（『賀川豊彦全集』第15巻　キリスト新聞社　一九六二年）
石川賢吉『庄川問題』　ダイヤモンド社　一九三二年
石川達三『日蔭の村』　新潮社　一九三七年
大鹿卓『渡良瀬川』　講談社　一九七〇再刊、新泉社　一九七二再刊
大鹿卓『谷中村事件──ある野人の記録』　大日本雄弁会　講談社　一九五七年（新泉社　一九七二年再刊）
城山三郎『黄金峡』　中央公論社　一九六〇年
城山三郎『辛酸──田中正造と足尾鉱毒事件』　中央公論社　一九六二年
水上勉『海の牙』　角川文庫　一九六四年
新田次郎『ある町の高い煙突』　文藝春秋　一九六八年
石牟礼道子『苦海浄土──わが水俣病』　講談社　一九六九年
松下竜一『砦に拠る』　筑摩書房　一九七七年
有吉佐和子『複合汚染』　新潮文庫　一九七九年
原田正純『水俣の赤い海』　フレーベル館　一九八六年
吉田司『下下戦記』　白水社　一九八七年
布川了『田中正造　たたかいの臨終』　随想舎　一九九六年
立松和平『毒──風聞・田中正造』　東京書籍　一九九七年
成井透『罪の量』　菁柿堂　一九九八年
渡辺一雄『住友の大番頭　伊庭貞剛』　廣済堂出版　二〇〇二年

5、ウェブサイト（主なもの）
外務省　http://www.mofa.go.jp/
環境省　http://www.env.go.jp/
厚生労働省　http://www.mhlw.go.jp/
法務省　http://www.moj.go.jp/

あとがき

「公害問題を、その歴史的な形成期から今日に至るまできちんとした歴史的視点に立って叙述することはできないか」、と何度か編集者から打診があった。公害問題はいつのころからか「もう終わった」といわれ、それを考えることはもはや時流から外れることだという風潮も生まれている。しかし、「こんな思想状況だからこそ、きちんとした記述が要るのですよ」というのがその編集者のつよい意思であった。

わたしは、この言葉にどれだけ励まされたかしれない。そもそも、公害問題はその始まりがいつのことなのか、どう展開してきたのか、人々はそれとどう闘ってきたのか、その長い歴史についての検討は今日に至っても不十分なままである。そして、このように不十分なまま、その歴史は今人々の記憶から消え去ろうとしている。日本では、一九五〇年代から七〇年代初頭にかけて急激に悪化した自然の環境が、戦前の問題意識を完全に消し去った中で進行したことを忘れてはならない。それと同じ過ちを今また繰り返してはならない。そのことを歴史を研究する人間として、ぜひ多くの人々にわかってもらいたい。これが、この本を編集したまさにそのねらいである。

しかし、この本を企画してはじめてその実現が並大抵のことではないことを思い知らされた。個々の事件についての研究は、現在までそれなりに蓄積されてはいたが、それらを大きな歴史の流れの中に位置づけること、とくに戦前と戦後のつながりをきちんと理解すること、および現代における「環境問題」というものの出現と公害問題の関係を明瞭にすることにはたいへんな努力がいることを痛感した。わたしは、これらを理屈ではなく、歴史的事実の展開を通して解明しようと考えた。本書は、おそらくこの面でわが国最初の通史となるものと思うが、ただ、これが成功しているかどうか、今は読者の厳しいご批判を期待するばかりである。

ところで、本書では歴史に知られる典型的な事件について、その方面について最もふさわしい専門家の方々の協力を得て、簡潔な説明を行うことも企図した。個別の事例を正しく知ってもらうとともに、その中に公害問題の歴史の流れを見たいと考えたからである。幸い、多くの優れた方々のご協力を得られたことは本当にうれしく思う。また、公害問題が現代日本の制度やシステム、人間や意識そして学問のありかたにどのような影響を与えてきたのかを検証することも企図した。そして、この方面でも多くの専門家の論稿を得ることができたのであって、これもまた本書の特徴となるのではないかと自負している。

本書の企画は二〇〇二年に始まったものであったが、調査や検討に思わぬ時日を費やしてしまい、出版自体、今日になってしまった。早くに原稿をいただいた方にはこの間たいへんなご迷惑をおかけし、また、巻末年表や参考文献の紹介においても新しい情報の一部を入れるにとどまり、不十分さを示すこととなってしまった。この点、深くお詫び申し上げる。

本書出版については、四日市再生・公害市民塾、水俣市役所広報課、国会図書館、岡山県、公害地域再生センター（あおぞら財団）の関係者の方々や本書の執筆者から写真の利用などでたいへんなお世話になった。また、原稿の遅れを辛抱強く待っていただいた世界思想社編集部の水越賢二氏にもたいへんお世話になった。記してお礼申し上げる。

二〇〇八年六月

小田康徳

や　行

ら　行

わ　行

た　行

索　引

さ　行

索　　引

執筆者紹介

村松昭夫（むらまつ・あきお）第二部3(5)
現職：弁護士，全国公害弁護団連絡会議幹事長，財団法人公害地域再生センター（あおぞら財団）専務理事
主著：「神戸・西須磨道路公害調停事件――公害調停を活用して貴重な成果を勝ち取ってきている事例として」（『法と民主主義』2004年２・３月号），「大阪・泉北地域の石綿被害とアスベスト国家賠償訴訟――国の責任の明確化と全面的な被害者救済に向けて」（『環境と公害』2006年夏号），「韓国における公害環境訴訟の現状と課題」（『環境と公害』2006年冬号），「自動車公害の現状と市民運動の課題」（『公害環境測定研究・年報』2007年12月）など。

吉田克己（よしだ・かつみ）第三部1(4)，3(1)
現職：三重大学名誉教授（医学部）
主著：『公衆衛生学』（編著，光生館，1972年）『四日市公害――その教訓と21世紀への課題』（柏書房，2002年）など。

達脇明子（たつわき・あきこ）第三部2(3)
元樟蔭東学園女子短期大学非常勤講師
主著：「あおぞら財団と西淀川の震災展」（『日本史研究』425号，1997年），「公害経験の伝承・情報発信事業報告――大気汚染公害被害者運動資料の保存活動の現状と課題」（『地方史研究』275号，1998年），「公害・環境問題資料の保存・活用をめざして」（『ヒストリア』2002年11月）など。

執筆者紹介（執筆順）

小田康徳（おだ・やすのり） 編者紹介欄に記す

畑　明郎（はた・あきお）第二部1(1)(2)，2(2)，3(3)，第三部3(2)
現職：元大阪市立大学大学院経営学研究科教授，商学博士，環境政策論
主著：『イタイイタイ病』（単著，実教出版，1994年），『金属産業の技術と公害』（単著，アグネ技術センター，1997年），『深刻化する土壌汚染』（編著，世界思想社，2011年）ほか。

木野　茂（きの・しげる）第二部2(1)，3(2)，第三部2(2)(4)
現職：立命館大学共通教育推進機構教授，理学博士，環境学，大学教育
主著：『新版　環境と人間——公害に学ぶ』（編著，東京教学社，2001年），『新・水俣まんだら——チッソ水俣病関西訴訟の患者たち』（共著，緑風出版，2001年），『大学授業改善の手引き——双方向型授業への誘い』（単著，ナカニシヤ出版，2005年），『大学を変える，学生が変える——学生FDガイドブック』（編著，ナカニシヤ出版，2012年）ほか。

播磨良紀（はりま・よしのり）第二部2(3)
現職：中京大学文学部教授
主著：『四日市市史』第17巻通史編近世（共著，四日市市，1999年），「織豊期の生活文化」（『日本の時代史13　天下統一と朝鮮侵略』共著，吉川弘文館，2003年），『四日市公害を語る——野田之一氏と澤井余志郎氏へのインタビュー』（共編，四日市大学・四日市学研究会，2008年）ほか。

津留崎直美（つるさき・なおみ）第二部2(4)(5)
現職：弁護士（大阪弁護士会）
主著：「西淀川大気汚染公害」（『公害研究』共著，1985年10月），「西淀川大気汚染公害訴訟の概要と争点」（『法律時報』1990年10月），「公害訴訟　西淀川公害訴訟は何が争点だったか」（『法学セミナー』1995年9月），「西淀川大気汚染公害訴訟・手渡したいのは青い空」（『ドキュメント現代訴訟』共著，日本評論社，1996年），「西淀川公害裁判と歴史のかかわりあい」（『ヒストリア』，1997年9月）ほか。

早川光俊（はやかわ・みつとし）第二部2(6)(7)，3(1)，第三部1(1)(2)(3)
現職：弁護士，認定NPO法人地球環境と大気汚染を考える全国市民会議（CASA）専務理事，財団法人公害地域再生センター（あおぞら財団）評議員，自然エネルギー市民の会事務局長
主著：『病める地球を救うために』（共編，1990），『しのびよる地球温暖化』（共著，かもがわ出版，1996年），『環境NGO——その活動・理念と課題』（共著，信山社出版，1998年）など。

編者紹介

小田康徳
（執筆担当）序にかえて，第一部，第二部1(3)〜(5)，3(4)，第三部2(1)，第四部
大阪電気通信大学工学部人間科学研究センター教授を2014年3月定年退職。現職：財団法人公害地域再生センター（あおぞら財団）付属西淀川・公害と環境資料館（エコミューズ）館長，文学博士。
主著：『近代日本の公害問題――史的形成過程の研究』（世界思想社，1983年），『都市公害の形成――近代大阪の公害問題と生活環境』（世界思想社，1987年），『近代和歌山の歴史的研究――中央集権下の地域と人間』（清文堂出版，1999年），『維新開化と都市大阪』（清文堂出版，2001年），『陸軍墓地がかたる日本の戦争』（共編著，ミネルヴァ書房，2006年）など。

公害・環境問題史を学ぶ人のために

2008年10月10日　第1刷発行
2014年7月10日　第2刷発行
定価はカバーに表示しています

編　者　小《お》　田《だ》　康《やす》　徳《のり》
発行者　髙　島　照　子

世界思想社
京都市左京区岩倉南桑原町56　〒606-0031
電話　075(721)6506
振替　01000-6-2908
http://sekaishisosha.jp/

（共同印刷工業・藤沢製本）

ISBN978-4-7907-1361-6